서울둘레길 숲이야기

서울 둘레길 숲이야기

8인 8색 숲해설가와 함께 걷는 여행

양세훈 · 박철균 · 강인배 · 김민정 · 전운경 · 조미연 · 심채영 · 안준민

도서
출판 中道

머리말

서울시민들의 도시숲 역할을 하는 서울둘레길이 2014년 11월 15일 개통되었다. 체력 등 개인적 이유로 산 정상에 오르지 못하는 시민들을 위한 배려라 생각했다. 서울에 살면서도 서울의 모습이 어떤지를 알 수 없었던 시기에 좋은 기회였다. 매월 정기적 산행을 하고 있었던 고교친구들과 함께 2016년 가을에 서울둘레길을 찾았다. 그렇게 시작된 둘레길 걷기가 2017년 1월 말에 기념배지(badge)와 함께 완주증명서 13754번을 부여받았다. 당시에는 완주증명서가 목표였기 때문에 서울둘레길의 다채로운 모습을 보지 못했다.

세월이 흘러 숲해설가 자격증을 취득했다. 산행과정에 꽃사진을 찍는 취미가 본격적으로 카메라를 배우게 되었고, 숲길등산지도사 자격증도 받았다. 숲해설가 공부를 함께 한 선생님들과 서울둘레길 사계절의 모습을 담아내기로 했다. 서울둘레길 156.5㎞ 8개 코스마다 담당자를 정해 계절별 초본(꽃)과 목본(나무)식물을 공부도 하고 출판도 하는 일석이조(一石二鳥)를 달성하기로 했다.

전체 코스를 둘러보면서 식물은 물론 풍경 사진을 찍는 일을 맡았다. 그렇게 돌다보니 자연스럽게 완주증명서 57153번을 발급받았다. 2016년과 2017년에는 안내지도 종이에 스탬프를 찍었다면 2022년에는 QR코드 인증을 통해 확인을 받았다. 종이는 중간에 분실

될 경우, 다시 돌아야 하지만 QR코드 방식은 그런 고생을 할 필요가 없다.

그동안 서울둘레길은 많은 환경 변화가 있었던 것 같다. 특히 6코스 안양천의 경우는 4개구에 걸쳐서 길게 자리하고 있다. 해당 자치구마다 안양천을 경쟁적으로 조성한다는 느낌을 받았다. 해당 코스를 걷는 시민은 다양한 식물들을 구경할 수 있어 감사할 따름이다. 서울 25개 자치구 중 서울둘레길이 지나가는 자치구는 도봉구, 노원구, 중랑구, 광진구, 강동구, 송파구, 강남구, 서초구, 관악구, 금천구, 구로구, 영등포구, 강서구, 마포구, 은평구, 강북구, 종로구, 성북구 등 18개다. 자치구마다 서울둘레길과 병행하거나 독자적으로 둘레길을 운영하는 곳이 많다. 그만큼 지역주민을 위한 보행길 등 편의시설에 정성을 기울이고 있다.

서울 도심을 걷는 한양도성길은 18.6km로 성북구, 종로구, 중구에 걸쳐 있다. 종로구와 성북구는 서울둘레길과 한양도성길이 통과하는 자치구다. 동대문구는 배봉산자락길, 양천구는 신정산자락길, 서대문구는 안산자락길이 조성되어 있다.

서울시는 민선8기 지방자치시대를 맞이해 둘레길 2.0 시대를 공약으로 내세웠다. 기존 둘레길 보완과 새로운 둘레길 조성을 위한 계획이 성공적으로 진행되길 기원한다. 서울시가 지하철 노선이 아닌 보행길로 거미줄처럼 연결되길 희망한다. 시민이 안전하게 걸을 수 있는 도심형 둘레길이 탄소중립 실천과 시민의 건강권을 확보할 수 있다. 기후위기를 극복하는 시민의 실천방법 중 하나가 가능한 걸어보는 것이다. 자전거 또는 도보로 서울을 구경할 수 있는 그러한 그림이 그려지길 기대한다.

2022. 12.

양세훈(행정학박사) 숲해설가 / 숲길등산지도사

목차

서울둘레길 소개

서울둘레길은 서울과 경기도 경계면을 이어주는 156.5km 거리를 편하게 걸을 수 있게 만든 둘레길이다. 서울시를 감싸고 있는 14개 산과 안양천 등 하천을 통과하는 8개 코스로 구성되어 있다. 2009년 서울둘레길 조성계획 이후 5년 6개월간의 공사 끝에 2014년 11월 15일에 개통하였다. 서울둘레길 취지는 '서울의 역사, 문화, 자연생태 등을 스토리로 엮어 국내외 탐방객들이 느끼고, 배우고, 체험할 수 있도록 조성한 도보길'이다.

서울둘레길은 모든 구간이 숲길만 걸어갈 수 있는 것은 아니다. 약 절반 가까이는 숲길(84.5km)이고, 주택가를 관통하는 마을 길(40km), 그리고 안양천 등을 통과하는 하천길(32km)로 구성되어 있다. 숲길의 경우는 산의 구조상 기존 산길을 활용한 불암산, 용마산, 아차산, 대모산, 우면산, 호암산의 경우 능선길을 코스로 정하고 있다. 그러나 대부분 경사가 심하지 않은 흙길을 토대로 걸어가는 코스가 대부분이라 남녀노소 누구나 편하게 이용할 수 있는 둘레길이라 할 수 있다.

서울둘레길 조성계획 시 다음과 같은 4가지 주제를 가지고 조성되었다(서울특별시 서울둘레길 안내). 첫째, '사람을 위한 길'로써 경사가 심하지 않은 길, 안전하고 편안하고 쾌적한 길(노면 정비, 안전난간 등), 건강과 휴양을 도모하는 길(양호한 숲, 산림욕장 등 경유), 주택가로부터 200m 이상 떨어진 길(주변 주민 생활 불편 예방)이다.

둘째, '자연을 위한 길'로써 가능한 기존 등산로만 연결하여 흙길로 조성, 사용하지 않는 샛길은 적극적인 폐쇄, 훼손된 등산로 복원, 수목 식재 필요할 경우 해당 지역 자생 산림 수종 선정, 콘크리트 · 철제 · 방부목재 · 밧줄 사용 지양, 현장 소재 활용(쓰러진 아까시나무 활용)이다.

셋째, '산책하는 길'로써 가능한 수평, 옆으로 걷는 자락길, 산책길, 불필요한 계단설치 최대한 배제, 만나고, 산책하고, 소통하고, 휴식하는 길(숲속 북카페, 숲이 좋은 곳에 휴게시설, 전망 좋은 곳에 쉼터)이다.

넷째, '이야기가 있는 길'로써 자연과 역사와 문화를 배우고 느낄 수 있는 길(전통 깊은 사찰, 유적지, 문화유산, 역사유물 등 경유), 둘레길에 숨겨져 있는 전설, 이야기 등 발굴을 지향하고 있다.

코스	해당 지역	거리	소요 시간	난이도
1코스 수락 · 불암산	노원구, 도봉구	18.6km	8시간 10분	고급
2코스 용마 · 아차산	광진구, 중랑구	12.3km	5시간 10분	중급
3코스 고덕 · 일자산	강동구, 송파구	25.6km	8시간 50분	초급
4코스 대모 · 우면산	강남구, 서초구	18.3km	8시간 10분	중급
5코스 관악 · 호암산	관악구, 금천구	13.0km	6시간	중급
6코스 안양천 · 한강	강서구, 구로구, 금천구, 영등포구	18.2km	4시간 30분	초급
7코스 봉산 · 앵봉산	마포구, 은평구	16.8km	6시간 25분	중급
8코스 북한 · 도봉산	강북구, 도봉구, 성북구, 은평구, 종로구	33.7km	16시간 30분	중급

(출처 : 서울둘레길, https://gil.seoul.go.kr/walk/sub/introduce.jsp)

2014년 11월 개장 이후 2022년 11월 1일 기준으로 5만 8,412명이 156.5km 서울둘레길을 완주하고 인증서를 받아 갔다. 156.5km 거리를 다 볼아본 사람 숫자다. 필자처럼 같은 코스를 2회 이상 걷고 인증서를 받은 사람도 많을 것으로 추정된다. 하지만 매일 같이 인근 둘레길을 찾는 사람, 1개 코스 이상 걸어본 사람, 등산 갔다가 코스를 경험한 사람 등을 감안하면 그 수는 헤아리기 어려울 정도일 것이다. 서울둘레길이란 길을 한 번이라도 걸어본 시민은 주변에 많다. 특히 용마 · 아차산을 걸어 본 기억이 있다면 서울둘레길 경험이 있다고 봐도 된다. 이렇게 서울 시민 대부분이 한 번쯤은 경험해봤을 서울둘레길이다.

i. 제1코스 (수락산 · 불암산)

- **시 · 종점 :** 도봉산역~서울창포원~덕릉고개~넓은마당~학도암~태릉~화랑대
- **거리 :** 약 18.6km
- **소요시간 :** 약 8시간 10분
- **난이도 :** ★★★★ 고급
- **매력 포인트 :** #다양한 형태의 바위#채석장
- **절약한 탄소 :** 4.6kg
- **스템프 위치 :** 서울창포원 관리사무소 앞, 불암산 우회코스 갈림길, 화랑대역 4번출구 앞 공원
- **교통편 :** 시점–도봉산역(1,7호선) 2번 출구, 종점–화랑대역 4번출구(7호선)
- **탐방 :** 양세훈 숲해설가

서울창포원 - 서울둘레길의 시작점

서울둘레길 156.5km의 첫 출발은 도봉산역 옆 서울창포원에서 시작된다. 서울창포원 내 서울둘레길 지원센터에 들러 코스를 안내받을 수 있다. 이곳에서 서울둘레길 1코스가 시작되며 수락산과 불암산을 통과하는 노선이다. 도봉산역을 출발하여 수락산과 불암산을 연결하는 덕릉고개를 거쳐 태릉까지 이어진다. 1코스 노선 주변에는 도봉산역, 수락산역, 당고개역, 상계역, 화랑대역이 있어 대중교통의 접근성이 용이하다.

서울둘레길을 완주하려는 시민이 있다면 1코스 시작되는 수락·불암산 코스보다는 2코스 용마·아차산 코스 또는 6코스 안양천·한강 코스부터 시작을 권유하고 싶다. 2코스 용마·아차산 코스는 아스팔트 길을 따라가면서 준비운동을 하다가 작은 산길을 걸어간다. 아차산에 진입하면서부터는 좌측으로 한강을 바라보면서 걷기 때문에 인기가 많은 코스다. 6코스 안양천·한강 코스는 겨울을 제외하고는 벚나무 군락 이외 수없이 식재된 꽃을 마음껏 구경할 수 있는 코스다. 편하게 둑길과 하천길, 자전거도로 옆길 등 3개 코스로

가는 맛을 볼 수 있기 때문이다.

서울둘레길 8개 코스의 도보 환경 난이도를 살펴보면 고급 1개, 중급 5개, 초급 2개로 조성되어 있다. 고급 코스가 바로 1코스 수락·불암산 코스다. 다른 곳과 달리 산 정상을 가로지르는 능선길이 대부분이다. 따라서 초보자들이 1코스부터 경험을 하면 힘들다는 생각에 중간에 포기하는 경우가 많을 것으로 예상된다. 물론 산행을 어느 정도 경험했거나, 일반 둘레길에서 쉽게 만나기 어려운 숨가쁨을 경험하고 싶다면 추천하고 싶은 코스이기도 하다.

1코스부터 출발을 생각한 시민이 처음 만나는 곳이 도봉산역 옆 서울창포원이다. 둘레길 트레킹(Trekking, 자연을 가까이에서 느끼며 걷거나 여행을 하는 일)을 위해 약속을 하고 지인을 기다리는 동안 쉴 수 있는 공간이다. 몸풀기할 겸 서울창포원을 한 바퀴 돌면 다양한 식물들을 만나보는 행운의 시간을 가질 수 있다.

서울창포원은 총면적 52,417㎡에 꽃창포를 비롯한 붓꽃을 주제로 한 서울시의 생태공원으로서 12개의 주제로 구분 조성되어 시민들에게 생태교육 및 여가와 휴식공간을 제공한다. 창포원 서울둘레길 안내센터는 2016년 오픈하였으며 창포원 건물 1층에 위치하여 서울둘레길 탐방객 안내와 인증서 발급 등의 업무를 수행한다(서울둘레길, 2022).

팽나무, '이상한 변호사 우영우'

최근 드라마 '이상한 변호사 우영우'가 우리 사회의 장애인에 대한 다양한 시각을 보여주면서 공전의 히트를 쳤다. 드라마 속에 등장하는 500년 넘은 것으로 추정되는 팽나무가 드라마 인기와 함께 인기를 끌더니 전국에서 3번째 팽나무 천연기념물로 지정되었다. 33가구 60여

팽나무

명이 사는 작은 마을이 전국의 인기 장소가 되었다. 이곳의 팽나무는 높이 16m, 둘레 6.8m로 성인 6명이 팔을 펴야만 크기를 가늠할 수 있다고 한다. 서울창포원에 있는 팽나

팽나무

무는 천연기념물로 지정될 정도의 높이와 크기는 아니지만 그 기분을 느낄 수는 있다. 서울창포원 여기저기 팽나무 10여 그루가 "나 좀 봐주세요"하고 시민들을 맞이하고 있다. 주황색 계열의 열매가 가을 느낌을 더욱 풍성하게 만든다.

팽나무는 달주나무·매태나무·평나무라 불리는 쌍떡잎식물 쐐기풀 목 느릅나뭇과의 낙엽교목이다. 최대 20m까지도 자라며, 수피(나무껍질)는 회색빛이며, 가지에 잔털이 있고, 잎 윗부분이 톱니 형태를 지니고 있다. 봄에 꽃을 이루고 열매는 작은 등황색을 보이며, 맛이 달다. '이상한 변호사 우영우'에 나오는 팽나무는 창원시 동부마을 팽나무로 2022년 가을 천연기념물로 지정되었다.

팽나무 종류도 다양하다. 어린잎이 자줏빛인 것은 자주팽나무, 잎이 둥근 것은 둥근팽나무, 잎이 더욱 길고 큰 것은 섬팽나무라고 한다. 이 밖에 팽나무 종류 중 우리나라에서 중요한 것으로는 왕팽나무·풍게나무·검팽나무 등이 있다. 모두 큰 나무로 자라며 열매를 먹을 수 있다. 우리나라 어느 곳에서나 자라고 땅이 깊고 비옥한 낮은 곳에서 왕성하게 자란다. 갈라지는 일이 없어서 가구재·운동기구재로 많이 쓰인다. 특히 조금만 풀기가 있어도 검푸른 곰팡이가 끼고 곧 썩기 시작하는 재질의 특성 때문에 청결을 우선으로 하는 도마의 재료로 가장 좋다고 한다.

마가목, 주름개선 천연화장품 활용

서울창포원에는 마가목나무도 관찰 할 수 있다. 옛말에 초본식물 중에는 산삼이 최고이고, 목본식물 중에는 마가목이 최고로 꼽힐 정도로 다양한 약성을 지니고 있다. 마가목은 장미목 장미과의 낙엽 소교목이다. 주로 산지에서 자라지만, 서울둘레길 1코스 서울창포원과 8코스 도봉산 구간에서 볼 수 있다. 연골손상을 억제하거나 항염증 효과로 목 또는 허리 디스크 치료에도 유효하며, 주름 개선 성분이 포함되어 천연화장품 응용 가능성도 높은 것으로 알려졌다. 평지에서는 8m 높이까지 자라지만, 고산 지대에서는 2~3m의 관목으로 자란다. 잎 가장자리에 톱니가 있어 구분이 쉽다. 꽃은 하얀색이지만, 열매는 붉은색으로 익어간다. 가을이 되면 잎도 열매와 같이 붉은 색의 단풍이 든다.

마가목

큰 낭아초, 싸리꽃같은 귀화식물

서울창포원 습지 근처에서 볼 수 있는 큰 낭아초는 낙엽성 작은키나무로, 2m 정도까지 자란다. 멀리서 잎을 보면 싸리잎처럼 보여 착각하기 쉽다. 꽃은 홍자색으로 피어나며, 낭

큰낭아초

아초와 비해 꽃차례와 열매가 길고 잎이 크다. 귀화식물로 전국에 황무지나 길가에 자라고, 도로 공사 때 사면 안정화를 위해 심는 식물이다. 큰 낭아초는 싸리나무 잎과 비슷한 형태를 보여 싸리나무 종류로 착각을 하게 된다. 대부분 싸리나무의 꽃은 땅을 향해 피지만, 족제비싸리꽃은 하늘을 향해 피어난다. 큰 낭아초도 족제비싸리처럼 위를 향해 꽃을 피워 내는 특성을 보인다.

익모초, 여성에게 탁월한 효능

익모초는 쌍떡잎식물 통화식물목 꿀풀과의 두해살이풀로 들에서 자주 볼 수 있다. 쑥과 비슷해보이지만 쑥보다 잎이 넓게 자란다. 뿌리에서부터 층층히 잎이 양쪽으로 갈매기 날개처럼 퍼지면서 자라며, 그 사이에 연분홍꽃이 열매처럼

익모초

익모초

주렁주렁 열린다. 포기 전체를 말려서 산후의 지혈과 복통에 사용하며 혈압강하·이뇨·진정·진통 작용 등 다양한 효능이 있다. 이 풀은 생리통 등 여성의 임신과 출산에 관한 질병에 좋다고 한다. 옛날엔 입맛이 없어 식사를 못할 때 익모초를 절구에 찧거나 달여 먹어 원기를 회복하거나 식욕을 돋우는데 사용했다고 한다.

진달래, 산철쭉, 철쭉, 영춘화, 봄을 알리는 꽃

　진달래는 참꽃 또는 두견화(杜鵑花)라 한다. 잎보다 꽃이 먼저 피며, 꽃 색도 다양하여 분홍색·진분홍색·흰색에 자주 분홍색까지 있다. 꽃은 삿갓을 뒤집어 놓은 것같이 생긴 통꽃이며, 끝이 다섯 갈래로 갈라진다.

꽃 색이 짙은 진달래는 잎에 털이 많이 나 있어 털진달래라 하며, 꽃이 흰 것은 흰진달래라 불린다. 삼월삼짇날에는 진달래꽃으로 만든 화전(花煎)을 먹으며 봄맞이를 하였다. 진달래꽃으로 빚은 진달래술은 봄철의 술로 사랑받았다. 특히, 면천의 진달래술인 두견주는 중요무형문화재 제86호로 지정되었다. 민간에서는 꽃잎을 꿀에 재어 천식에 먹기도 한다.

　진달래꽃보다 뒤에 잎이 피고 꽃이 피는 철쭉 속 식물에 산철쭉이 있다. 산철쭉은 진달래꽃보다는 크고 화관의 윗부분에 진한 자주 반점이 뚜렷하다. 이 산

진달래

산철쭉 산철쭉

산철쭉 철쭉

철쭉의 꽃은 독성이 강하여 먹을 수가 없어 개꽃이라 불렀다. 산철쭉보다 더 분홍빛의
꽃이 피는 것은 철쭉이다.

철쭉은 진달랫과에 속하는 낙엽관목이며, 잎의 윗면은 녹색, 잎의 뒷면은 연둣빛으로
털이 나 있다. 꽃은 늦은 봄에 연분홍색으로 피며, 자갈색의 반점이 뚜렷하다. 꽃이 흰 것
은 흰철쭉이라 한다. 철쭉은 진
달래속 식물 중에서 가장 우아
한 꽃나무로서 최근에 관상수
로 많이 식재되고 있다.

영춘화는 이른 봄에 피는 봄
꽃이며, 멀리서 보면 개나리꽃
으로 착각할 정도의 형태를 보
인다. 개나리처럼 노란색 꽃이
먼저 피고 잎이 난다.

영춘화

수락골 계곡과 노원둘레산천길

서울창포원에서 다양한 식물을 구경하고 나서 본격적으로 길을 나선다. 서울창포원을 벗어나면 도로가 나오고, 도로를 건너서 중랑천을 따라 걸어간다. 보행길 다리를 건너가면 본격적으로 수락산에 진입한다.

수락골 계곡은 푸른 바위와 안개가 자욱한 계곡이란 뜻으로 벽운동계곡이라고 부르며 서예가 이병직이 바위에 새긴 벽운동천등의 글씨가 있다. 수락골 등산로는 계유정난 이후 수락산에 숨어 살았던 김시습을 기념하여 김시습 산길이라고 한다(서울둘레길, 2022).

수락산 들어서면서 가장 먼저 눈에 띄는 것은 노원경찰서에서 걸어놓은 '탄력순찰'이라는 게시물이 보인다. 둘레길이지만 경찰관이 순찰하고 있음을 알리는 효과가 있어 보인다. 갈림길 1에서 시작되는 표식은 갈림길 5를 지나고 조그마한 암자(정암사)를 지나면 도로를 가로지르는 아스팔트 길이 나온다. 이 개울가에 가지런히 놓여 있는 돌다리를 건너자마자 자그마한 공원이 펼쳐지고 입구 왼쪽에 '노원 둘레 산천길'이라는 간판이 설치되어 있다. 노원구가 조성한 수락산 코스로 소요 시간은 1시간 59분으로 적혀 있다. 안내판 밑에 서울둘레길과 같이 스탬프 보관함이 있다. 수락산 초입에 쉬땅나무, 주목, 쥐똥나무, 영춘화 등의 식물이 눈에 보인다.

쉬땅나무, 벌이 좋아하는 밀원식물

꽃차례가 수수 이삭 같아서 쉬땅나무라고 하며, 산기슭 계곡이나 습지에서 자라며 쉬나무라고도 한다. 꽃은 개나리, 진달래, 철쭉 등 봄꽃들이 지고 나서 초여름에 하얀색으로 피어난다. 꽃은 밀원식물로 벌이 좋아하며, 구충·치풍 등에 유효하다. 관상용으로 많이 심는데 도로변

쉬땅나무

쉬땅나무

이나 공원에서 자주 볼 수 있다. 가지치
기를 하면 맹아력이 강해서 울타리용으
로도 많이 심는다.

주목, '살아서 천년 죽어서도 천년'

'살아서 천년 죽어서도 천년을 간다'는
주목은 4계절 내 푸른빛을 보이는 바늘
잎나무다. 촘촘히 보이는 바늘잎 사이에
붉은 열매가 구술처럼 박혀 있다. 관상
용으로 심으며, 재목은 가구재로 이용한
다. 한국산 주목 씨눈에서 항암물질인
택솔을 대량 증식할 수 있음이 밝혀졌다. 씨눈과 잎, 줄기에 기생하는 곰팡이를 생물공학
기법으로 증식, 택솔을 대량 생산하는 방법이 개발되어 상품화되었다. 소백산·태백산·

오대산·설악산 등 높은 산악지대의 중
복 이상에는 군데군데 주목이 자라고 있
다. 특히, 소백산정에서 자라는 주목군
락은 1973년 천연기념물로 지정되었다.
서울 도심 공원에서도 흔히 볼 수 있는
나무다.

주목

주목

쥐똥나무, 검은색 쥐똥같은 열매

쥐똥나무는 가지가 많이 갈라진 상태로 자라며, 산기슭이나 계곡은 물론 공원 울타리 용도로 많이 식재하고 있다. 봄에 하얀색으로 피는 꽃이 앙증맞다. 열매는 둥근 달걀모양으로 자라다가 가을에 검은색으로 익어가는데 다 익은 열매가 쥐똥같이 생겼기 때문에 쥐똥나무라는 이름이 붙었다.

쥐똥나무

서울둘레길 1코스 수락·불암사 코스에는 다른 코스에서 보기 힘든 다양한 바위가 많다. 고래바위 – 거인 발자국 바위 – 거인 손자국 바위 – 연인 바위 – 작은 채석장 바위 – 보호 바위 – 공룡 바위 – 너럭바위뿐만 아니라 이름이 없는 무명의 기괴한 바위들이 많다. 바위마다 전설 등 해설이 이어진다.

고래바위와 거인발자국바위, 수락산 채석장

수락산 채석장에서 바라 본 북한산 일몰 풍경

첫 번째 나오는 고래바위를 지나가면 청산회 봉사단에서 걸어 놓은 표식 '리기다소나무'가 나타난다. 고래바위 표지판에는 이렇게 적혀 있다. "고래하면 바로 떠오르는 거대한 향유고래의 모습과 비슷합니다. 바위 옆부분에 주름이 잡혀있어 고래 옆구리를 보는 듯합니다. 고래바위는 동네 아이들이 붙인 이름인데, 배 바위와 함께 아이들의 사랑받는 놀이터입니다". 고래바위를 지나 나무테크 다리를 건너서 걷다 보면 바로 이어서 거인발자국바위가 등장한다. 무더기로 쌓여 있는 돌탑을 지나면 나무테크 등 운동기구가 배치된 휴식공간을 볼 수 있다. 나무계단을 지나가고 나면 나무테크로 조성된 전망대가 나온다. 이곳에서 잠시 가쁜 숨을 몰아쉬며 나무 사이로 보이는 서울 도심을 구경할 수 있다.

수락사 귀임봉 아래는 최근까지 채석장으로 이용되었다. 전망이 뛰어나 불암산, 용마산, 아차산, 관악산, 남산, 북한산이 모두 보이고 그사이에 안겨있는 서울 시내가 한눈에 들어온다(서울둘레길, 2022). 다음으로 이어지는 곳은 붉나무 군락지가 나온다. 돌탑을 쌓아 만든 언덕에 해당 자치구에서 붉나무를 심은 것으로 보인다. 여기서부터 수락산 채석장 코스를 느낄 수 있다. 채석장 오른쪽을 보면 서울 시내를 구경할 수 있다. 돌무더기 사이에 우뚝 서 있는 오동나무가 꽃을 피우는 계절에는 그 아름다움이 상상 이상이다. 좌측 배경은 커다란 돌산이 릿지 산행할 정도로 경사각을 이루며 커다란 면적을 자랑하고 있다. 이곳 채석장터 주변에는 오동나무, 무궁화, 개복숭아, 아까시나무 등 다양한 나무들이 식재되어 있거나 자연적으로 군락을 이

루고 있다. 수락산 채석장에서 바라보는 북한산 백운대 일몰 풍경이 아름답다. 채석장 나무테크에서 서울 시내를 바라보면 좌측에 아차산을 시작으로 롯데타워, 가운데에 남산타워가 있고, 우측에는 북한산이 보인다.

오동나무와 개오동나무, 열매 형태로 구분 가능

오동나무는 현삼과에 속하는 낙엽교목으로 원산지는 울릉도로 추정하고 있다. 참오동나무와 외모가 비슷하지만 잎 뒷면에 다갈색 털이 있고 꽃부리에 자줏빛이 도는 점선이

오동나무

없는 점이 다르다. 다른 봄꽃처럼 꽃이 잎보다 먼저 피며 가지 끝의 원뿔 모양으로 피어난다. 열매 속이 여러 칸으로 나뉘어서, 각 칸 속에 많은 종자가 들어있는 열매의 형태를 보인다. 오동나무가 크게 주목을 받게 된 것은 생장이 빨라 자본회수기간이 짧을 뿐 아니라 목재의 용도가 다양하다. 기업림 조성은 물론 농촌 · 부업림으로 매우 유망하기 때문이다. 오동나무는 가볍고 방습과 방충에 강하므로 장 · 상자 · 악기류 제작에 좋다. 따라서 예로부터 우리 조상들은 딸을 낳으면 뜰 안에 오동나무를 심어 결혼할 때 장을 만들어 주었다고 한다.

개오동나무는 능소화과 개오동속에 속하는 낙엽 활엽 교목으로 중국이 원산지로 알려져 있다. 잎이나 꽃의 생김, 냄새가 오동나무와 비슷하고 목재도 오동나무처럼 윤이 난다. 열매가 노끈처럼 길게 자라는 특징으로 오동나무와 비교가 된다. 경상북도 청송군 부남면 홍원리에 있는 개오동은 1998년 12월 23일에 천연기념물로 지정되어 보호받고 있다. 개오동나무는 우리나라에 자생하는 수목이 아니어서 공원이나 정원, 주택 마당에 심어 기른다. 추위에 잘 견디고 각종 공해에도 강하

개오동나무

며, 해풍에도 잘 이겨내기 때문에 전국 어디에서나 식재가 가능하다. 예부터 벼락이 피해 가는 나무라 하여 이 나무가 집 안에 있으면 천둥이 심해도 다른 재목이 모두 흔들리지 않는다고 믿었다. 이런 민속의 영향을 받아 궁궐이나 절간 같은 큰 건물에는 반드시 개오동나무를 심었다. 2코스 날머리, 대학로 마로니에 공원 등 도심 여기저기 많이 볼 수 있다.

붉나무, 소금이 귀할 시 추출 사용

둘레길에서 흔히 볼 수 있는 수종이다. 붉나무는 옻나무과 옻나무속에 속하는 낙엽 소교목으로 오배자나무, 굴나무, 뿔나무, 불나무 등 다양한 이름으로 불린다. 잎의 가장자리에는 거친 톱니가 드문드문 있고 가을 붉은 단풍이 멋지다. 붉나무는 예전에 집에 있는 소금이 바닥나고 소금 장수의 발길도 끊어져 바닷물을 정제한 소금을 구할 수 없을 때 대용으로 염분을 구하는 데에 사용되었다. 붉나무 열매는 가운데에 단단한 씨가 있고 그 주위를 과육이 둘러싸고 있다. 시간이

붉나무

흐르면 과육이 소금을 발라놓은 것처럼 하얗게 된다. 이곳에 약간의 소금기가 있는데, 이것을 긁어모으면 훌륭한 소금 대용품이 되었다. 붉나무에는 타닌이 많이 들어 있는 오배

붉나무

자라는 벌레혹이 달린다. 가죽을 가공할 때 없어서는 안 될 귀중한 자원인 동시에 약재였다. 붉나무 추출물을 포함하는 당뇨병 치료 또는 예방용 조성물 등에 관한 특허가 있다.

당고개 공원 갈림길, 거인 손자국 바위

올라온 길이 있다면 다시 내려가는 길이 있다. 당고개 공원 갈림길 방향으로 내려가다 보면 거인 손자국 바위가 나타난다. 조금 더 가면 자그마한 암자를 우측에 두고 좁은 언덕으로 올라간다. 다시 내려가다가 계곡을 건너면서 우측에 새롭게 정비된 화장실을 이용할 수 있다. 다시 조그만 계곡을 건너고 나면 아스팔트 도로가 나오고 그 길을 건너면 다시 숲길이다.

휴식 나무 의자가 보이고 개울을 건너고 나면 좌측에 조그만 배드민턴장이 보인다. 주위에 철봉 등 운동기구가 설치되어 있다. 다시 길을 나서면 이름 없는 한쪽이 심하게 패인 바위가 나타난다. 세월의 흐름을 그대로 보여주는 바위다. 무엇인가 이름을 부여하고 싶어진다. 다시 나무테크를 지나가다 보면 조그마한 정자가 나오고 몇 개 운동기구도 보인다. 작은 공원이 듯하다. 아스팔트 길이 나온다. 순환도로 고기기 니오고 동믹골 쪽구상에 이르러서야 둘레길 코스를 벗어났다는 것을 알게 된다. 다시 50여 미터 돌아가 보니 우측으로 둘레길 코스가 보인다. 아주 작은 게시판이 있다. 왜 모르고 지나쳤을까 싶어 생각해 보니 그 아스팔트 주변으로 이삿짐 대형트럭들이 주차되어 있었다. 다시 숲길로 올라가는 길목을 커다란 트럭이 가리고 있었다. 이 근방의 주차단속이 필요해 보인다. 또다시 숲길로 들어섰다.

누리장나무, 꽃처럼 보이는 붉은 꽃받침

누리장나무는 잎과 줄기에서 누린내가 난다고 하여 누리장나무라는 이름이 붙여졌다. 꽃은 끝부분이 5개로 갈라져 있으며 수술이 유난히 튀어나와 있다. 열매는 보라색으로 익는다. 잎이 갓 피었을 때 따서 삶아 먹거나, 소금으로 간하여 튀겨먹기도 한다. 한방에서는 가지와 뿌리를 기침 등에 이용한다. 붉은 꽃받침위에 검정색 열매는 푸른 쥐색을 내는 염료로 사용된다.

누리장나무

눈향나무, 바위와 잘 어울리는 식물

눈향나무는 사철 푸르고 모양이 아름다워 관상용으로 정원이나 공원에 심거나 화분에 심어 장식용으로 꾸미기도 한다. 주로 높은 산의 바위틈에서 자란다. 원줄기가 비스듬히 서거나 땅바닥으로 벋는다. 향나무와 비슷하나 옆으로 자라고 가지가 꾸불꾸불하다.

눈향나무

담쟁이덩굴과 등나무

담쟁이덩굴은 포도과에 속하는 덩굴성 식물이다. 덩굴손은 잎과 마주나고 갈라져서 붙으면 잘 떨어지지 않는다. 잎은 넓은 형태로 자라며 잎자루가 잎보다 길고, 어린 가지의 잎은 3개의 작은 잎으로 구성되어 있다. 돌담이나 바위 또는 나무줄기에 붙어서 자생한

담쟁이덩굴

등나무

다. 주로 미관을 위하여 건물이나 담 밑에 심으며, 또 잎이 다섯 장인 미국담쟁이덩굴은 관상용으로 많이 심는다.

　등나무는 꽃은 봄에 연한 자주색으로 피고 열매는 9월에 익는다. 등나무는 동래 범어사 입구의 등나무숲과 같이 야생상태인 것도 있으나, 보통 관상식물로 심는다. 제지의 원료로 사용되고 줄의 대용으로도 유용하게 이용된다. 등나무꽃을 말려서 신혼 금침에 넣어주면 부부의 금실이 좋다고 하고, 부부 사이가 벌어진 사람들이 이 나무의 잎을 삶아 먹으면 애정을 다시 회복할 수 있다고 하여 찾는 사람이 많다.

등나무

덕릉고개와 연인 바위, 작은 채석장 바위

덕릉고개는 노원구의 수락산과 불암산을 연결해주는 곳으로 생태 육교를 설치하여 사람 뿐만이 아닌 동물도 이동할 수 있도록 만들어진 다리이다(서울둘레길, 2022). 수락산과 불암산을 연결해주는 산길이 나온다. 덕릉고개라 한다. 예전에는 고가 밑으로 지나가는 차량을 볼 수 있었지만, 양쪽에 빽빽이 들어 서 있는 나무들로 볼 수 없게 되었다. 보행자의 안전을 생각해서 식재했다는 생각이 들었다.

본격적으로 불암산에 진입했다. 물오리나무 군락이 보인다. 불암산 둘레

길 시작점에 들어서면 또다시 등산개 안전을 위한 경찰 집중 순찰 구역이라는 표지판이 보인다. 쪽동백나무들이 보이고 연인 바위가 나타난다. 연인 바위를 지나 넓은 바위터 위에서 걸어온 길을 쳐다보면 우측 멀리 불암산터널 2개가 보인다. 이곳에서 잠시 쉬어가는 여유를 부린다. 1코스는 오르락 내리락하는 길이 많다. 체력을 필요로 한다.

다시 걷다 보면 나무테크 휴식공간이 나오고 내리막길로 접어든다. 급경사 나무계단을 내려가다 보면 무심코 지나치는 명소가 있다. 내려가는 길 좌측 뒤에 숨어 있는 바위는 유심히 보지 않으면 그냥 지나칠 수 있다. 작은 채석장이란 표지판이 나오고 멋있는 바위가 당당하게 서 있는 모습을 볼 수 있다. 작은 채석장 바위는 왠지 누군가 조각한 듯한 느낌이 든다.

다시 우측길로 내려가다 보면 돌무더기도 나오고 돌탑도 보인다. 이 곳을 걷다보면 수락산과 유사하게 불암산도 돌 천지라는 것을 깨닫게 된다. 커다란 이름 모를 바위가 커다란 입을 벌리고 있다. 이어서 나무계단이 나오고 계곡을 건너고 나무다리를 건너고 다시 조그만 계곡을 건너고 몇 번 반복하면서 진행한다. 이렇게 걷다보면 아무 생각이 나지 않는다.

여뀌, 물고기 잡을 때 사용 가능

여뀌는 마디풀과에 속하는 일년생 초본식물로 습지 또는 시냇가에서 자란다. 열매가 익어도 껍질이 갈라지지 않는 형태로 작은 점이 있

여뀌

다. 수락산과 불암산 작은 개울가 근처에서 흔히 볼 수 있다. 여뀌는 지혈 작용이 있어서 약재로 이용된다. 잎과 줄기에는 타닌이 많이 함유되어 있으며 항균 작용이 많다. 민간에서는 이것을 짓찧어 물고기를 잡는 데 사용한다.

까마중, 달달한 간식 대용으로 섭취

까마중은 가짓과에 속하는 한해살이풀이다. 어린 시절 흔하게 보였던 까마중 검은 열매를 먹어본 기억이 난다. 먹거리가 풍성하지 못했던 시절에 달달했던 맛이었다. 꽃은 초여름에 하얀색으로 피며, 열매는 하나의 씨방에서 나는 다육질의 열매로 자란다. 까마중은 밭이나 길가에 흔히 자라는 식물로 어디서나 잘 자란다. 어린잎을 삶아서 우려내어 독성을 제거, 나물로 활용하기도 한다. 까마중은 알칼로이드인 솔라닌을 함유하고 있어 꽃, 잎, 열매, 가지, 뿌리 모두를 한방에서 해열, 이뇨, 피로 해소제로 사용하기도 한다.

까마중

철쭉동산과 넓은 마당, 청암공원과 약수터

다시 길을 나서면 좌측에는 숲길로 이어지고 우측에는 조그만 마을이 나타난다. 짧지만 빽빽한 나무숲을 지나면 환한 빛으로 장식한 철쭉동산 쉼터가 나타난다. 주변 대규모 아파트에 거주하는 시민들을 다 수용하듯 커다란 공간이 조성되어 있다. 이곳은 서울둘레길 수락·불암산 코스 2 스탬프를 찍는 곳이다. 스탬프 확인을 하고 걷다 보면 계곡의 다

리를 건너고 조금 큰 개울을 건너게 된다. 아주 맑은 물이 흐르고 시원한 물로 가볍게 땀으로 얼룩진 얼굴을 닦아낼 정도다. 보기 드물게 귀룽나무가 보인다. 서울둘레길 2코스 아차산 하산 지점에 커다란 위용을 자랑하는 정도는 아니지만, 귀룽나무 표지판이 발길을 잡는다. 넓은 마당이란 곳이 나타난다. 작은 운동을 할 수 있을 정도의 공간이며 누가 청소를 하는지 아주 잘 정비되어 있다.

그 밑은 청암공원이 펼쳐지고 1코스 걸어가면서 만나는 청암약수터로 음용이 가능하다. 목이 가장 말라 있는 시점에 사막의 오아시스 같은 역할을 한다. 서울둘레길 코스내에서 먹을 수 있는 약수터는 많지 않다. 대부분 오염 등으로 마실 수 없게 되어 있다. 약수물 마시고

한숨 돌리고 공원을 둘러보면 우측 구석에 커다란 칠엽수가 네 그루가 서 있다. 숲해설가 되기 전에는 무슨 나무인지도 어떤 역할인지도 모르고 지나쳤을 것이다. '아는 만큼 보인다'는 말이 무슨 의미인지 알기 시작했다. 공원 벗어나는 길목에 커다란 화장실도 잘 정리되어 있다. 다시 화랑대역 방향으로 길을 나선다.

이곳부터는 흙길과 야자나무 매트길이 반복적으로 나타난다. 중간중간 나무계단이 있고, 불암계곡을 건너는 다리를 지나면 다시 아스팔트가 나오고 좌측에 운동기구가 보인다. 조금 위로 올라가서 다시 서울둘레길 코스로 접어들면 표식이 없지만 커다란 돌이 나무틀로 보호된 채로 우뚝 서 있다. 그 길을 지나면 커다란 안내문이 보인다. 이곳 통행로는 재현학원 소유의 사유지로 "재현 중.고등학교 학생들의 면학 분위기를 해지치 않도록 고성 등 소음을 삼가주시기 바랍니다". 라는 호소문이 눈길을 잡는다.

공룡 바위와 넓적바위, 학도암

다시 나무테크, 야자나무 매트 길을 지나고 나면 돌탑이 나오고 잘린 통나무 위에 조그만 돌탑을 세워져 있는 것을 볼 수 있다. 작품처럼 되어있다. 내리막길에 넓은 휴식공간이 보이고 운동기구가 설치되어 있다. 좌측 철

망이 쳐진 길을 벗어나면 공룡 바위가 나온다. 여기서부터는 바윗길이라 할 수 있다.

그리고 넓적바위가 나온다. 바위 구간을 벗어날 즘에 야외 숲속 도서관이 나온다. 가족들을 위한 유아들을 위한 배려 차원의 휴식공간으로 보인다. 넓적바위는 풍요와 다산을 기원하던 여근석이다. 이곳 넓적바위도 아랫마을 동제의 대상이었을 것이고 조선 시대에는 아들 낳기를 바라는 여인들의 발길이 끊이지 않았을 것이다. 원래는 호젓한 산속이었지만 둘레길이 나면서 사람들이 많이 지나는 곳이 되었다(서울둘레길, 2022).

이 길을 벗어나면 학도암으로 오르는 콘크리트로 조성된 길이 나온다. 좌측으로 올라가면 학도암이다. 서울시 유형문화재 제124호다. 콘크리트 길에서 벗어나지 않고 직진하면 다시 화랑대역 방향으로 이어지는 숲길이다. 또 다른 철망 담장이 나타난다. 은행골 텃밭이라는 사유지 표지판이 걸쳐 있다. 매트길을 지나면 산불감시 CCTV가 나타나고 몇십 초 간격으로 산불 예방을 위한 설명이 반복적으로 방송된다.

학도암은 조선 인조2년(1624) 무공화상이 불암산에 있던 옛 절을 이곳으로 옮겨 창건하였다. 학도암에는, 큰 법당, 삼성각 등의 전각이 있으며, 대웅전 뒤편 암벽에는 명성황후의 염원으로 1872년에 조성된 높이 22.7m, 폭 7m의 거대한 '마애관음보살좌상(서울시유형문화재 제124호)이 있는데 조선 후기의 뛰어난 마애상으로 평가받고 있다(서울둘레길, 2022). 둘레길 걸어가는 코스에서 조금 벗어난 곳에 위치한 학도암이지만 시간내어 둘러볼 가치가 있는 문화재다.

조그만 계곡을 건너고 나면 통나무로 조성해놓은 다리가 보인다. 미끄럼을 방지하기 위한 수단으로 설치해 놓은 듯하다. 딸기나무가 군락을 이루며 산객을 반갑게 맞이한다. 크기가 상당한 것을 봐서는 아주 오랫동안 훼

학도암

손되지 않고 자랐던 산딸기 같다. 유동기구가 있는 공터를 지나면 주변 시민들의 깃으로 보이는 텃밭들이 보인다. 산속 배수로를 위해 잘 정비된 모습을 볼 수 있다. 최근에 공사를 마친 듯하다.

씀바귀와 질경이, 효능 좋은 흔한 식물

씀바귀는 국화과에 속하는 다년생 초본 식물로 주황색 또는 하얀색 꽃이 피어난다. 이른 봄에 뿌리와 어린잎을 캐서 먹는 대표적인 봄나물이라고 할 수 있다. 나물로 먹을 때는 살짝 데쳐서 물에 담가 쓴맛을 우려낸 다음 볶거나 무친다.

씀바귀

질경이는 질경이과에 속하는 다년생 초본식물이다. 원줄기가 없고 많은 잎이 뿌리에서 나와 비스듬히 퍼지면서 자란다. 잎 사이에서 꽃대가 나와 꽃을 피운다. 사람이 많이 다니는 길가에 나며, 고도와 관계없이 침입하는 생활력이 강한 식물이다. 질경이는 다량 채취하여 말렸다가 식용하는 구황식물이다. 종자는 차 대용으로 마시기도 한다. 질경이에는 오우쿠빈, 종자에는 호박산·아데닌 같은 성분이 함유되어 있어 이뇨제·기침약·지사제로 약용한다. 종자의 점액은 국수의 점도를 높이는 데에도 사용한다.

질경이

하산길 삼각지, 다시 등산하는 기분

여기서 내려가는 듯 지나가면 곤란한 상황이 된다. 다시 나무테크를 따라 산으로 올라간다. 하산길인 줄 알았는데 약간 기운이 빠진다. 그렇게 올라가다 보면 정면은 막히고 좌측 또는 우측으로 가는 삼각지가 나타난다. 좌측은 불암산 정상으로 가는 등산로이고, 우측은 화랑대역으로 가는 서울둘레길이다.

또다시 철망 담장이 나타난다. 이번에는 한국전력 인재개발원 소유 임야다. 그 길을 따라가다가 넓은 휴식공간을 만난다. 잠시 숨 고르기를 편하게 할 수 있는 큼지막한 나무테크 쉼터다. 인재개발원을 우측으로 좌측은 남양주 경계선 철망 담장을 따라서 500여 미터를 가다 보면 하산길이 보인다. 문화재청 태릉관리소 관리와 군사시설 보호지라는 표지판을 뒤로 한 채 걸어가면 좌측에 햇살 좋은 장소에 깨끗한 화장실이 나오고 우측에는 흙먼지 털이기로 신발에 묻어 있는 흙 등을 털어낼 수 있도록 준비되어 있다.

메꽃과 패랭이꽃, 앙증맞은 색상의 유혹

메꽃은 들에서 흔히 자라는 식물이다. 초여름에 연분홍색 꽃이 핀다. 꽃 모양이 나팔꽃을 닮아 혼동하기 쉬우나 나팔꽃이 아침에 피는 데 반하여 메꽃은 한낮에 피어난다. 나팔꽃은 일년생인 데 비하여 메꽃은 다년생이다. 어린 순은 나물로 먹고 땅속줄기는 삶아서 식용하는데, 땅속줄기에는 녹말이 많이 들어 있어서 춘궁기 때는 식량의 구실을 해주었다.

메꽃

패랭이꽃

패랭이꽃은 석죽과에 속하는 다년생 초본식물이다. 한 뿌리에서 여러 줄기가 나와 곧게 자란다. 꽃은 가지 끝에서 1개씩 피어난다. 꽃과 열매가 달린 전체를 그늘에서 말려 약용한다. 동물실험 결과 이뇨 작용이 좋은 것으로 알려졌다. 신장염·방광염·요도염 등에 활용되고 눈이 충혈되면서 아픈 증상에 긴요하게 쓰인다.

사위질빵, 장모의 사랑이 가득한 식물

사위질빵은 전국의 산과 들 어디에서나 흔하게 볼 수 있는 덩굴식물로 햇볕이 잘 드는 숲 가장자리나 계곡과 하천변 풀숲, 경작지 언저리 등지에서 볼 수 있다. 꽃은 줄기 끝이

사위질빵

사위질빵

나 잎겨드랑이에 백색의 양성화가 원뿔꼴로 모여 달린다. 목본성 덩굴식물로 나무는 아니지만 굵은 줄기가 목질화되어 여러 해를 살 수 있다. 겨울에도 지상부가 일부 살아있어 나무의 성질을 가진다. 유사한 종류인 으아리가 초본성 덩굴식물인 것과 대비된다.

사위질빵은 사위와 질빵이라는 우리말의 합성어로 해석한다. 사위질빵은 강원도 방언이다. 사위질빵이란 이름은 조금만 힘을 주어 잡아당기면 툭 하고 끊어져 버리는 줄기의 특성과 관련이 있다. 가을 수확 철이 되면 사위가 처가로 가서 가을걷이를 도와주는 풍습이 있었다. 오랜만에 처가에 온 사위가 고생하는 모습을 안타까워한 장모가 무거운 짐을 지지 못하도록 쉽게 끊어지는 이 식물로 지게의 질빵을 만들어주었다는 이야기도 전해오고 있다.

쇠뜨기, 천연 세제용으로 인기

쇠뜨기는 관다발식물 속새목 속새과의 여러해살이풀이다. 풀밭에서 자라며, 땅속줄기가 길게 뻗으면서 번식한다. 이른 봄에 자라는 것은 생식줄기(생식경)다. 쇠뜨기란 소가 뜯는다는 뜻으로, 역시 소가 잘 먹는다. 생식줄기는 식용하며, 영양 줄기는 이뇨제로 쓴다. 가정에서도 세발용, 세탁물 표백용, 그릇 닦는데 이용된다. 자연

쇠뜨기

물 이용으로 화학 공해를 추방할 수도 있어 쇠뜨기는 새로운 각도에서 재인식되고 있다.

고비, 벌레를 없애는 용도 활용

서울둘레길에서 많이 볼 수 있는 식물 중의 하나가 고사리라고 오해받는 고비라 할 것이다. 고비는 다년생 양치식물이다. 이른 봄에 나오는 어린잎은 고사리처럼 둘둘 말려 있고, 흰 솜털이 많이 나 있다. 잎자루는 처음에 붉은 갈색 털로 덮

고비

여 있다. 포자엽이 먼저 나오고 다음에 영양 잎이 나오며 깃털 모양이다. 고비의 맛은 고사리와 비슷하나 더 연하고 씹는 촉감도 좋다. 뿌리에서 녹말을 만들어 떡을 만들기도 한다. 뿌리는 약제로 쓰이는 관중(貫衆)의 대용으로 벌레를 없애는 데 이용하기도 한다.

측백나무와 벽화길, 공릉산 백세문, 공릉동 공원

측백나무

다시 양쪽 철망 담장 사이 흙길을 따라서 걸어가다 보면 좌측으로 측백나무 군락이 나타난다. 이어서 축대벽을 따라 선화예술학교 학생들이 그린 다양한 그림이 그려져 있는 벽화를 보면서 걷는다.

측백나무는 측백나무과에 속하는 상록 침엽교목이다. 가지가 수직적으로 발달하므로 측백이라는 이름이 붙었다. 비늘잎으로 구성된 잎은 작은 가지와 잎의 구별이 뚜렷하지 않다. 소지에 세 개의 잎이 달

린 것을 옆에서 보면 윤곽이 W자로 나타나는데, 이러한 모양이 비슷한 종류를 식별하는 기준이 된다. 봄에 암꽃과 수꽃이 한 나무에서 피는데 묵은 가지 끝에 한 개씩 달린다. 가을에는 둥근 모양의 열매가 열린다.

벽화가 끝나는 지점 좌측에 마지막 편의점이라는 표시가 나오고 우측은 운동기구와 자전거 거치대가 보인다. 이어서 공릉산 백세문 간판이 보인다.

공릉산 백세문 간판을 벗어나

면 차가 다니는 큰 길이 나오고 좌측 도로를 따라 화랑대역 방향으로 걸어 간다. 길 따라서 송림(松林)마을을 지 나고 구립태릉어린이집 입구를 지나 고 화랑타운아파트를 지나가면 화랑 대사거리가 나온다. 우측 3시 방향 신 호등을 지나가면 공릉동 공원이다. 공

릉동 공원과 차도 사이의 도로를 300여 미터 걸어가면 공릉동 공원 입구가 나온다. 차편 길 건너편은 그 유명한 경춘선 숲길, 공릉동 철길이다. 공릉동 공원에 도착하면 다시 스탬 프를 찍는 우체통이 반갑게 맞이해준다. 여기까지가 수락·불암산 1코스다.

여주, 수세미오이, 박

여주는 덩굴성 한해살이풀이다. 줄기는 덩굴손으로 감아 오른다. 붉고 노란 열매는 긴 타원형이고 혹 같은 돌기가 많으며 특징적인 쓴맛이 있다. 샐러드로 먹거나 익혀서 채소 로 또는 피클과 카레로도 쓴다.

수세미오이는 덩굴성 식물로 덩굴에는 능선이 있다. 잎은 질이 거칠고 털이 없다. 종자

여주

수세미오이

박

는 채유용 또는 사료용, 어린 수세미오이는 식용으로 이용된다. 줄기에서 채취한 수액은 화장수로 활용, 수세미오이의 섬유는 그릇을 닦는 데 이용되었다.

박은 아프리카 또는 열대 아시아산의 덩굴식물로 청록색이고, 덩굴손으로 감으면서 뻗는다. 열매는 하나의 씨방에서 나는 다육질의 열매로 표피가 딱딱해진다. 표피가 굳은 열매를 반으로 쪼개서 삶은 다음 말렸다가 바가지로 사용한다. 박은 나물 또는 김치를 담가 먹는다. 특히 강원도 향토 음식으로 유명하다. 박김치는 충청도 지방에서 잘 담가 먹는다. 박김치는 옥 같은 빛이 나는 정갈한 김치이다.

명아주

명아주, 산속에서 유용한 약초

명아주는 1년생 초본식물로 전국 어디서나 볼 수 있다. 어린잎은 식용하는데 정유와 지질이 함유되어 있다. 약효로는 해열·살충·이뇨 작용 등이 있다. 피부의 습진, 전신 가려움증, 백

까치수염

전풍 등에도 이용되며, 독충에 물렸을 때 찧어서 환부에 붙이기도 한다.

까치수염, 꽃향으로 곤충 유인

까치수염은 앵초과에 속하며, 산지에 흔한 여러해살이풀이다. 까치수영, 개 꼬리 풀이라고도 부른다. 양지 또는 서식처가 건조해질 가능성이 없는 곳에 산다. 숲 틈이나 숲 가장자리 또는 초지처럼 하루 중에 반나절 이상 직사광선이 도달하는 곳에 산다. 아래에서부터 위로 순차적으로 피기 때문에 사실상 여름 내내 꽃이 피어 있는 형국이다. 꽃에서는 말로 드러낼 수 없는 이상야릇한 향이 난다. 다양한 곤충들은 이 향을 쫓아 찾아온다. 심지어 꽃 속에 머리를 파묻고 죽음을 맞이하는 곤충도 있다.

(양세훈 숲해설가)

서울둘레길 2.0 시대, 숲해설가의 역할

양세훈 숲해설가

2014년 11월 15일 개통된 서울둘레길이 코로나19 펜데믹을 거치면서 시민들의 주목을 받고 있다. 공개된 장소 모임의 제약, 재택근무의 일상화, 필수품이 되어버린 방역 마스크 착용 등으로 편하게 숨을 쉬는 공간이 필요해졌기 때문이다.

특히 인구밀도가 높은 서울시에 거주하고 있는 시민들의 처지에서는 피톤치드가 뿜어져 나오는 숲이 그리웠을 것이다. 실내에서 운동할 수 있는 시설들이 영업하지 못함으로써 신체 단련을 위한 장소를 찾기 시작했다. 대한민국 절반이 넘는 등산 인구가 있다고 하지만, 바위가 많은 서울 근교 산에 오르기가 쉽지 않다. 가족 동반일 경우나 산행하기 어려운 신체적 조건 등을 고려하면 최적의 장소가 산 하부 지점을 통과하는 둘레길을 걷는 방법이라 할 것이다.

서울둘레길 조성 배경과 운영관리의 시작

서울둘레길은 총 길이가 약 156.5km로 숲길, 마을 길, 하천길로 구성되어 있다. 총 8개 코스이며, 1일 평균 18km 정도를 걸을 수 있는 체력이 있다면 1코스부터 7코스까지는 하루에 종주 가능하며, 8코스는 2일에 걸쳐 걸어야 할 구간이다. 그러나 무리하게 걷기보다는 코스당 2~3회 나누어 코스 주변 구경하면서 걷는 것을 권한다. 이런 방식으로 걸으면 매일 걷는 것을 고려한다면 약 3주 정도의 시간이 소요된다. 1주일에 1회를 기준으로 하면 종주하는데 6개월여 정도가 될 것이다. 156.5km를 스탬프를 찍어 가면서 완주한 시민이 2022년 11월 1일 기준으로 5만 8,412명이다. 필자도 2017년에 1만 3,754번, 2022년에 5만 7,153번째로 완주한 인증서를 가지고 있다.

필자가 서울둘레길 탄생을 조사하고자 확인한 서울시의회 회의록에 따르면, 둘레길은 '느리게 성찰하고 느끼며 에둘러 가는 수평의 길'이란 표현이 나온다. 서울둘레길은 '건강, 보전, 고객'이라는 측면에서 조성되어야 함을 강조하고 있다. 여기서 건강 중심은 노인과

장애인, 어린이 등 다양한 계층이 이용할 수 있는 편안하고 안전한 탐방로를 지칭한다. 보전중심은 단순히 길을 걷는 것이 아니고 정상 정복 위주의 산행에서 벗어나서 저지대 산행을 유도함으로써 고지대의 자연생태를 보전하는 개념이다. 고객 중심은 이용하는 시민들에게 최대한의 서비스를 제공해야 한다.

서울둘레길 초기 코스 계획은 202㎞ 또는 182㎞로 설계되어 있었다. 이후 최종적으로 현재의 156.5㎞로 변경·확정되었다. 서울둘레길과 연계된 지하철은 총 27개 지하철역이 있다. 2014년 11월에 서울둘레길을 개통하고도 운영·관리하는 기관을 지정하기까지는 상당한 내홍과 시간이 소요되었다. 2번의 서울둘레길 운영사무 민간 위탁 동의안이 부결되고 최종적으로 2015년 4월 9일, 서울특별시의회 환경수자원위원회 통과, 동년 4월 23일 본회의에서 가결되었다. 개통 이후 7개월 15일이 지난 2015년 7월 1일부터 직영에서 민간 위탁으로 관리가 시작되었다.

'둘레길 2.0' 시대를 열어가는 서울특별시

서울둘레길 사업이 시작된 2009년 당시 시장은 현 오세훈 시장 체제였다. 2010년 11월 10일 서울시의회 본회의장에서 2011년도 예산안 제출에 따른 시정연설이 있었다. 오세훈 시장은 서울둘레길 등 도시녹화사업과 공원 속 도시로 변화를 시도하겠다는 약속을 했다. 그렇게 시범적으로 관악산 구간이 완성된 것이다.

2011년 10월 27일 보궐선거에서 당선된 박원순 전 시장이 서울둘레길 공사를 이어서 진행하였고, 2014년 11월 15일에 개통을 시켰다. 시장이 바뀌었어도 서울둘레길에 대한 정책적 판단과 현실적 고려사항이 가미된 정책 계승이라 할 수 있다. 10여 년 만에 오세훈 시장은 2021년 4월 7일 보궐선거 당선, 2022년 6월 1일 제8회 전국동시지방선거에서 당선 제39대 시장이 되었다. 오세훈 시장은 서울둘레길을 양적 질적으로 업그레이드해 '둘레길 2.0' 시대를 열 방침이라고 밝혔다.

자락길 30개와 테마산책길 150개를 연계하고 곳곳에 여가·건강·문화를 위한 레저·휴양공간과 산림 치유콘텐츠를 확대하겠다고 했다. 단순히 걷기만 했던 숲길의 패러다임이 재미있는 산림 여가 문화공간으로의 숲길로 전환하는 방식이다.

도시숲 선한 안내자, 숲해설가의 역할 기대

서울시는 서울둘레길뿐만 아니라 국립공원관리공단이 조성한 북한산 둘레길이 있다. 25개 자치구별로 조성한 은평 둘레길, 중랑 둘레길 등 다양한 둘레길이 서울둘레길과 같은 동선 또는 다양한 형태로 조성되고 운영되고 있다. 도봉산의 경우는 서울둘레길, 북한산 둘레길, 도봉 둘레길이 동시에 같은 코스로 이어지는 경우도 많다. 이렇게 서울은 다채로운 둘레길 천국이 되었다. 즉 시민의 건강을 챙길 수 있는 둘레길 하드웨어는 충분히 차고 넘친다.

오세훈 서울시장이 밝힌 '둘레길 2.0' 시대를 실행하려면 안전한 둘레길 여행 및 안내는 물론 산림 치유콘텐츠 등을 위한 산림교육전문가(숲해설가, 숲길등산지도사, 유아숲해설사)와 산림치유지도사를 활용해야 하는 시점에 와 있다.

서울둘레길의 절반이 넘는 곳은 숲길로 조성되어 있다. 일부 구간은 숲을 안내하는 가이드가 있으면 좋겠다는 생각이 든다. 물론 천변길도 마을 길도 해당 지역의 길을 안내하고 그곳에 자연적으로 또는 식재(植栽)되어 있는 꽃과 나무를 설명해주는 전문가가 있으면 금상첨화(錦上添花) 둘레길이 될 것이다.

자연휴양림이나 수목원 등을 찾아가지 않더라도 서울둘레길이 지나가는 수락산, 불암산, 망우산, 아차산, 고덕산, 일자산, 대모산, 구룡산, 우면산, 관악산, 삼성산, 안양천, 봉산, 앵봉산, 북한산, 도봉산에서 그 행복을 만끽할 수 있도록 말이다.

코스마다 설치되어 있는 서울둘레길 스탬프 도장을 찍고, 인증서 받아본 시민이라면 그 짜릿함과 형언할 수 없는 기쁨을 알 수 있다. 필자가 2021년 9월부터 2022년 11월까지 서울둘레길을 다시 한번 돌아보면서 느낀 점은 코스 안내자가 필요하다는 것이다. 4계절마다 보여주는 서울둘레길의 모습은 다채롭다. 한 계절을 걸으면서 다른 계절의 모습은 어떤 모습일까? 이름을 알 수 없는 꽃과 나무에 대해서 알고는 싶은데 욕구 해결이 안 되었을 때의 아쉬움이 남았기 때문이다.

이렇게 산행도 하고, 숲길도 걷고, 마을 길도 돌아보고 천변의 아름다운 풍경과 새와 곤충을 볼 수 있는 서울둘레길이다. 서울시민뿐만 아니라 경기도민도 찾아주는 서울둘레길의 소프트웨어 개발이 더욱 절실하다. 그 첫 단추로 서울둘레길 사전 예약을 하면 해당 코스와 지점에서 숲을 안내해주는 숲해설가, 숲길등산지도사 등 산림교육전문가들이 동행하는 그림이 필요하다. 시민의 관점에서 조용히 서울둘레길을 걷고 싶은 사람도 있겠지만 서울둘레길에서 보이는 꽃과 나무에 대한 관심이 많은 시민도 많을 것이다. 도심 숲에서 이루어지는 숲 해설을 통한 시민의 기대에 부응하는 그런 정책실행이 필요한 시기다.

참나리꽃 색은 서울둘레길 리본 색상이기도 하다.

참나리꽃

ii. 2코스 (용마산 · 아차산)

- **시 · 종점** : 화랑대역 4번 출구 - 광나루역 1번 출구
- **거리** : 약 12.3km
- **소요시간** : 약 5시간10분
- **난이도** : ★★★ 중급
- **매력 포인트** : #4보루전경과 팥배나무 #능선길의 한강조망 #망우역사문화공원
- **절약한 탄소** : 4.0kg
- **스템프 위치** : 화랑대역4번출구앞 공원, 깔딱고개 쉼터, 아차산관리사무소 앞
- **교통수단** : 지하철 6호선 화랑대역
- **탐방** : 박철균 숲해설가

화랑대 4번 출구에서 중랑 캠핑 숲까지

　화랑대역 4번 출구를 나오자마자 왼쪽으로 보이는 복원된 경춘선 숲길을 뒤로 하고 오른쪽 횡단보도를 건너면서 서울 둘레길 2코스가 시작된다. 길을 건너자마자 주황색 서울 둘레길 띠지를 따라 묵동천으로 내려간다. 묵동천은 서울의 다른 하천처럼 정비도 잘 되어있고 수량도 많아 물도 깨끗해 보인다. 묵동천에 내려서자 가지가 잘린 수양버들 양버즘이 하천에 장승처럼 버티고 서있고 왼쪽 담장으로는 담쟁이와 능소화가 반겨준다. 하천 길을 따라 붉은토끼풀, 강아지풀, 닭의장풀, 원추리와 무성한 갈대가 어울려 있다. 개울에서는 백로 한 마리가 한가로이 먹이 사냥을 하느라 연신 부리를 물속으로 들이민다. 하천 길은 그늘이 없는 길이라 한여름 무더위에 걷기에는 조금만 걸어도 숨이 막힌다. 길가의 화살나무처럼 빠르게 햇볕을 벗어나고 싶을 때 두물다리의 그늘이 시원하게 맞이해준다. 두물다리를 지나니 왼쪽 담벼락으로 배롱나무꽃과 담쟁이 철쭉들이 뒤엉켜 있고 느릅나

무들이 가로수처럼 자연스럽게 늘어서
있다.

철 지난 황매화가 여기저기 피어 있고
풀을 베 삭발한 머리처럼 깨끗해진 개울
가에서 먹이를 찾아 헤매는 멧비둘기 가
족들을 만난다. 물기를 머금은 능소화가
교태롭게 느껴진다. 개천 건너편에는 물
정화용인지 사람들에게 시원한 분수를 보여주려는지 계단을 이용한 작은 폭포 같은 물줄
기가 계속하여 흘러내리고 있다. 둥그런 형태의 콘크리트 구조물 계단에서 분수처럼 흘러
내리는 분수를 보는데 로마의 트레비분수가 생각나는 까닭은 무엇인지 모르겠다. 인위적
으로 반듯하게 조성한 물길과 사람들이 편리하게 다니도록 포장한 아스팔트길, 천변의 정
돈된 수목들 그리고 토사 방지 축대와 도로를 지탱하는 인공적으로 만든 거대한 콘크리트
구조물이 어색한 듯 그래도 어울려 있다. 하천 옆에 조성된 데크길을 따라 가보니 하얗게
핀 망초들, 노란 애기똥풀, 부드러운 강아지풀, 기다랗게 자란 단풍잎돼지풀이 뒤섞여 있
고, 담쟁이덩굴 속에서 춤추는 한 쌍의 호랑나비를 발견하고 한참 동안 호랑나비의 군무
를 감상하였다.

묵동천을 따라 걷다 보니 바람에 흔들
리는 갈대가 보인다. 갈대는 물을 좋아하
여 강이나 습지, 시골 논밭 주변에서 자
라고 잎은 가늘고 길며 끝이 뾰족하다.
키가 3m 정도로 큰 편이고 마디가 있으
며 속은 비어 있다. 갈대꽃은 볼품이 없
고 빗질을 하지 않은 머리카락처럼 보이
는 갈색이나 고동색이다.

갈대

갈대와 비슷한 억새는 척박한 토양의 산비탈에서 흔히 볼 수 있으며, 키는 1~2m 정도
자라며 꽃은 은색이나 흰색을 띠면서 가운데 잎맥이 또렷한데, 잎가장자리가 날카로워 조

억새

심해야 한다. 억새는 갈대와 같은 볏과에 속하지만, 갈대에 대비되는 아름다움과 깔끔함이 있다. 세련된 신사다움이 몸에 밴 듯 석양에 하얗게 춤추는 모습이 아름다울 뿐이다.

묵동천을 지나 도로로 올라오니 신내어울공원 표지판이 보인다. 2코스 스탬프 우체통 찍는 곳 중 한 곳이 바로 여기다. 아파트 뒤편에 있는 조그마한 공원인데 아그배나무군락들이 먼저 반겨준다. 스트로브잣나무, 늘씬한 소나무, 상수리 등 키 큰 나무들과 단풍나무류의 중간나무들, 철쭉과 조팝나무 등의 키 작은 나무들이 각자의 자리를 잡고 어울려 살고 있다. 국화과의 풀 내음과 자지러진 매미의 울음소리가 코와 귀를 자극하고 마음껏 부풀어 오른 모감주나무 열매가 풍만해 보인다. 가을에 붉은 열매를 맺으려는 팥배나무와 한겨울 따뜻한 차로 마실 수 있는 모과나무, 잎만 무성한 산수유, 넓은 잎을

꽃향유

가진 목련을 지나니 시민을 위한 체육시설과 함께 한쪽에는 벚나무가 다른 쪽에는 회양목이 자리를 잡고, 봉긋하게 피어난 보랏빛 수국과 철 지난 병 꽃이 어울려 있다. 여름을 지나면서 가을을 맞이하게 되면 공원이나 야산 여기저기 붉은 빛이 나는 자주색 화사한 꽃향유를 만

꽃향유

나게 된다. 꽃향유는 꽃이 한쪽으로 치우쳐서, 피는 모양이 칫솔을 생각나게 하고 줄기는 네모지며 잎은 마주난다. 독특한 향으로 벌들을 불러 모으는 꽃으로 사랑스럽고 향기로운 이름을 가진 꽃이다.

도심 공원과 화단, 마을 어귀에 소담스럽게 피는 수수꽃다리는 봄철 진한 향기를 선물해 주었을 것이다. 멀리서도 진한 향기를 뿜어내기에 꽃내음을 따라가면 만날 수 있고, 수수 이삭처럼 꽃이 한데 뭉쳐서 탐스럽게 핀 모습에서 유래된 아름다운 우리말 꽃이름이다. 주택가 담장에 많이 심고, 라일락이라 부르기도 하는 매혹적인 향기의 주인공이자 '첫사랑', '젊은 날의 추억'이라는 꽃말을 가지고 있다. 라일락이나 리라(라일락의 프랑스식 이름)가 들어간 유행가 가사에서 풋풋한 첫사랑과 진한 사랑의 여운을 느낄 수 있다.

수수꽃다리

신내역이 멀리서 보인다. 팍팍한 도심 구간 속에 대추나무 한 그루가 서 있다. 대추나무는 나무에 강한 가시가 있고 잎은 달걀모양이고 잎맥이 또렷하며 잎가장자리에 잔 톱니들이 있다. 6월에 황록

대추나무

색 꽃을 피우고 9월에 붉게 익는다. 열매는 생으로 먹거나 다른 요리에 이용하며, 말린 대추는 한약재로 사용한다. 제사 때 조율이시(棗栗梨柿)의 으뜸이며, 폐백 때 아들을 낳으라고 며느리에게 주기도 하는 등 우리 삶에 깊이 스며든 과일이다.

개울가의 물소리도 들리지 않고 공원의 작은 그늘도 없이 도시의 소음과 아스팔트 길을 뜨거운 태양 아래 묵묵히 걸을 뿐이다. 여기저기서 공사 중을 알리는 표지판이 보이고 차량의 경적 소리와 공사장의 소음에 목청을 높이는 매미 소리까지 정신이 없다.

뜨거운 여름 도심이나 숲속 어디서나 들을 수 있는 매미 소리가 여름임을 실감 나게 한다. 7일을 살기 위해 7년을 기다리는 매미의 삶은 인간의 처지에서는 너무 아쉬울 뿐이다. 그래서 매미의 기다림을 옛 선비들은 5덕(德을) 지녔다고 칭송했다. 매미의 5덕은 첫째, 머리가 갓 끝을 닮아 선비와 같다고 해서 문덕(文德)이라 한다. 둘째, 맑은 이슬과 수액만을 먹고 살아 청덕(淸德)이다. 셋째, 곡식을 해치지 않는 겸덕(謙德)을 갖추었다. 넷째, 자기 집을 짓지 않는 검덕(儉德)을 지녔으며 다섯째, 죽을 때를 알고 스스로 지키는 신덕(信德)이 있다고 했다. 임금이 정사를 볼 때 머리에 쓰던 익선관은 매미 날개를 본뜬 것이라 하니 여름철 매미가 시끄럽게 굴어도 너그럽게 대하면 좋겠다.

멀리서 산자락 아래 새로운 아파트들이 들어서 있고 신내역 위쪽으로는 차량기지의 철로들이 어지럽게 얽혀 있다. 공사가 끝난 깔끔한 보도블록과 정돈되지 않은 화단의 무성한 잡초들이 더위를 더욱 부채질하는 듯하다. 나뭇잎이 듬성듬성한 가로수를 지나니 산뜻한 새 아파트 사이에서 싱그러운 무언가를 발견하였다. '서울 양원 숲 초등학교' 숲이라는 이름의 학교

라 그런지 너무 반갑고 정겨운 느낌이다. 아무리 생각해도 이름이 예쁘다. '숲'이라는 한 글자가 이런 감동을 주다니 글자가 가지는 힘이 대단하다. 아이들이 숲과 함께 공존하는 삶을 배우며 예쁘고 건강하게 자랄 것이라고 믿는다. 숲이라는 글자에 매료되어 걷고 있는데 아스팔트 양생하는 냄새가 난다. 양생하는 냄새에 익숙해지고, 내리쬐는 햇살을 받으며 공사 중인 길을 헤쳐가다 보니 양원역이 보인다. 양원역에서 중랑 캠핑 숲까지는 한달음이다, 내친김에 빨리 숲에 가서 싱그러운 녹음에 안기고 싶다.

중랑 캠핑 숲에서 깔딱고개까지

그늘 없는 하천길의 더위와 시끄러운 도로의 소음, 차량과 흐름을 위하여 원활한 소통을 기다려야 하는 교차로를 통과한다. 얼룩무늬 수피(나무껍질)로 치장한 중국단풍들로 꾸며진 가로수들을 지나 중랑 캠핑 숲에 들어서니 이제까지 걷던 길과는 사뭇 다르다.

중랑 캠핑 숲은 가족 단위나 청소년 체험중심의 공원으로 개발제한구역 내 훼손 구역을 복원하여 2010년 개원한 곳이다. 청소년수련관 생태연못 캠핑장 산책로 각종 체육시설 등을 갖춘 복합테마형 공원으로 언제라도 여가와 휴식을 즐길 수 있는 중랑구의 새로운 명소 중의 하나다. 녹음 짙은 나무들, 푸른 풀들과 맑은 하늘이 눈을 즐겁게 해주고 매미들의 연주도 적당한 소리로 울려 퍼진다. 지나가는 하얀 나비가 한 시절 우리 마음을 울리던 요절한 그 시절 가수를 떠올리게 한다.

캠핑 숲에서 제일 먼저 반겨주는 건 감나무다. 감나무의 감 열매는 아직 익지 않은 풋열매지만 가을에 붉은 홍시로 매달려 있을 걸 상상하니 군침이 돈다. 봄에 화사하게 피었을 철쭉, 언제나 낮은 눈 주목, 봄꽃을 떨구고 잎만 무성한 매화나무와 동네 어귀 어디에나 있는 느티나무들, 연분홍 분홍 붉은색 베이지색의 배롱나무들을 지나 생태연못을 한 바퀴 둘러본다. 보라색의 비비추와 부처꽃 창포 그리고 핫도그를 빼닮은 부들이 물속에서 더위를 식히고 있다.

부들은 늪이나 습지에서 자라는 여러해살이 식물로 요즘에는 연못이나 개울가 하천 작은 습지 등에 관상용으로 심고 꽃꽂이 용도로도 사용한다. 뿌리는 물속에 있고 잎과 줄기는 물 밖으로 드러낸다. 그리고 6~7월에 핫도그 모양의 꽃이삭과 함께 노란색의 작은 꽃들이 달리고 한겨울 찬바람에 열매를 터트려 솜털 씨앗을 날려 보낸다.

생태연못 주변으로는 화살나무와 이팝나무, 벚나무가 주위를 두르고 넓은 공원 잔디 사

부들

이에서 강한 생명력의 토끼풀이 번식력을 자랑하느라 동그란 하얀 꽃들을 피워 낸다. 토끼풀을 보니 어린 시절 꽃 두 송이를 엇갈리게 끼워서 손목에 차고 시계 놀이를 하고 놀았던 기억이 새롭다. 4잎을 찾으면 행운이 찾아온다고 하여 무던히도 토끼풀을 뒤집어 찾았건만 내 눈에 보이지는 않았다. 사실 4잎 토끼풀은 돌연변이로 나타나는 현상인데, 4잎 토끼풀의 행운에 대한 우리의 관념적 믿음은 확고하다.

연못을 지나 데크길에는 조림한 듯한 밤나무들과 상수리나무, 벗나무들이 어울려 쉬어가기 좋은 그늘을 만들어주고 있다.

시골이나 웬만한 야산에는 어디에나 있는 밤나무는 부귀와 자손의 상징이다. 밤은 혼례 때 자식 많이 낳으라고 신

밤나무

밤나무

부에게 던져주고, 제사나 차례에는 반드시 조율이시(棗栗梨柿)의 순서로 조상에게 바치는 중요한 과일이다. 또한 밤에는 다양한 영양분들이 풍부하여 대체식량으로도 훌륭하고 약재로도 사용된다. 한겨울 군밤을 연인과 함께 나누어 먹기도 하고 약밥이나 갈비찜의 별식으로 나무랄 데가 없다. 밤나무는 6월쯤 꽃이 피면서 독특한 냄새가 수꽃에서만 나는데 이것이 밤꽃 냄새다. 동물 정액 속에 들어있는 '스퍼민'이라는 성분이 밤꽃에도 들어있어 냄새가 비슷할 수밖에 없다. 수절하는 과부가 밤나무 아래에서 외로움을 달랜다는 이야기가 소설에서 자주 등장하기도 한다.

데크길 옆 개나리는 지난봄에는 노란 꽃들을 아낌없이 피웠을 것이다. 무궁화도 여기저기 보이고 복숭아와 천도복숭아밭이 보인다.

복숭아는 크게 백도와 황도로 나뉘는데 과즙이 풍부하면서 향이 좋은 편이고 고운 솜털

복숭아나무

의 껍질로 둘러싸여 있으며 가운데 큰 씨가 있는 핵과이다. 복숭아는 4월 전후에 잎보다 꽃이 먼저 피는데 복사꽃이라고도 부른다. 한편 복숭아 가지는 잘 찢어지기도 한다. 어린 시절 친구 과수원에 있는 복숭아 가지에서 놀다가 가지가 찢어져서 떨어진 기억이 있는데,

복숭아

떨어진 아픔보다 찢어진 가지에 놀라서 찢겨 나간 가지를 붙여 보려고 안간힘을 쓰던 기억이 또렷이 남아 있다. 천도복숭아는 복숭아의 일종으로 솜털 없이 매끈매끈하고, 단단한 것과 무른 것이 있는데 일반적인 복숭아보다 단단하고 신맛이 강하다. 복숭아나무는 전설이나 귀신과 관련이 있는데 손오공이 천도복숭아를 훔쳐먹어 불로장생한다는 이야기도 전해 오고 있다. 민간에서는 복숭아가 귀신을 쫓아낸다고 믿었기 때문에 집에 복숭아나무를 심지 않고 제사상에 복숭아를 올리지 않았다. 복숭아밭을 떠올리면 무릉도원이 연상된다. 봄날 복숭아꽃이 만발한 아름다운 선계의 세상에서 근심 걱정 없이 살고 싶은 마음이 인간의 욕망인가 보다.

천도복숭아의 유혹을 뒤로하고 고개를 돌리니 배밭이 보인다. 봄에 하얗게 피웠을 배꽃

배나무

을 생각하니 기분이 느긋해진다. 배꽃은 중랑구를 상징하는 꽃으로 아름다움과 여유 그리고 풍요로움을 담고 있다. 배꽃은 백로와 나비에 견주며 시와 노래로 다루어졌고, 배꽃 아래 빚은 술을 마시며 봄 한 철을 즐기는 모습이 그려진다. 서울에 배밭을 가꾸는 손길이 아직도 남아 있다니 신기할 따름이다. 배의 봉지를 싸주고, 낙과를 정리하고, 찢어진 가지를 손질하는 등 배밭을 정성스레 가꾸는 모습에서 어느 시골의 풍경과 다르지 않은 정겨운 느낌이다.

잠시 고향 생각에 잠기다가 다시 걷기를 시작할 즈음 수령이 백 년은 넘어 보이는 상수리나무들에서 신령스러운 기운이 느껴진다. 새삼 수형을 바라보고 나무 끝을 올려다보니 가지 끝에 하늘이 파랗다. 이제부터는 완연한 산길이다. 몇몇 상수리와 신갈나무들, 군데군데 일본목련들을 지나 잘 닦여진 길을 따라가니 제법 울창한 나무숲이라 그늘과 시원한 바람이 맞아 준다.

토사 방지를 위하여 코코 매트를 깔은 길과 부드러운 흙길을 콧노래와 함께 걷다 보니, 소나무인 듯 숲속에서 딱따구리 나무 쪼는 소리가 들린다. 조림한 리기다소나무가 사열하듯 서 있는 둘레길 오르막을 지나자 큼지막한 바위가 길가에 원래 그대로의 모습으로 서 있다. 바위를 넘어가기보다 돌아가는 길을 만들어 놓으니 인간이 자연 위에 군림하는 것이 아니라 자연과 더불어 공존하는 세상임을 새삼 깨닫게 해준다. 숲길이 끝날 즈음 이름 모를 새소리와 함께 차량 들이 달리는 소리에 여기가 서울임을 다시 한번 실감한다. 숲길을 지나다 보니 병꽃나무와 딱총나무가 눈에 들어온다.

병꽃나무는 우리나라가 원산지이고 낙엽 활엽 교목

병꽃나무

62

딱총나무

으로 5월에 산지나 정원에서 흔히 볼 수 있으며 척박한 환경에서도 잘 자란다. 5월에 병 모양의 꽃이 노랗게 피었다가 점차 붉어지는 모습에서 '우아'한 꽃말처럼 남다른 기품을 느끼게 된다.

딱총나무는 산골짜기에서 덩굴처럼 자라는 낙엽 관목으로 새 가지는 연녹색이고, 오래된 가지는 짙은 갈색에 코르크처럼 된다. 5월에 노란 꽃을 피우고 7~8월에 둥그런 붉은 열매가 무리 지어 익으며, 줄기나 뿌리를 말려서 달여 먹으면 신경통이나 류머티즘 통풍 등에 좋다고 한다.

숲길을 지나자 다시 도로가 나오는데, 풍성한 모감주나무꽃과 정성스레 가꾼 무궁화들이 보이는 작은 공원을 지나 '망우역사문화공원'으로 접어든다.

'망우역사문화공원'이라는 하얀색 글씨가 또박또박 쓰여있어 한눈에 들어오고 봄이면 흐드러지게 피었을 벗나무들이 길게 늘어서 있다. 예전에 '망우리 공동묘지'로 불렸던 곳으로 나의 기억에는 서울의 외진 곳에 묘지들이 가득 차 있고, 추석이나 설날에 조상들을 찾아 성묘하던 성묘객들로 붐비던 곳으로 각인되어 있다. 지금 와서 보니 묘지들은 잘 보이지 않고 숲 사이사이 언뜻언뜻 숨어 있듯이 고개를 내밀 뿐이다. 독립열사들과 문인들, 그리고 민초들의 무덤이 살아생전의 행적이듯이 다듬어서 관리되는 묘와 방치된 묘들이 여기저기 보인다.

독립운동가이자 승려이면서 '님의 침묵'의 시인 만해 한용운, 3.1 독립운동가의 한사람이고 서예가인 위창 오세창, '목마와 숙녀'의 시인 박인환, '황소' 그림의 화가 이중섭 등 '망우역사문화공원'에 수많은 유명 인물들이 잠들어 있는 걸 보니 마음이 숙연하다.

코스모스

　그중에서도 발길을 사로잡은 죽산 조봉암의 묘소가 있는데 근현대사의 아픔을 상징하는 분이다. 3·1 독립운동과 임시정부에서 활동하고 해방 후에는 초대 농림부 장관으로서 토지개혁에 앞장서는 등의 활동을 하였다. 하지만 이승만 정권에 맞서는 통일 운동을 전개하다 대통령선거에서 이승만에게 패하고 1959년 7월 31일 평화통일이 반공법 위반이라는 논리로 사법살인을 당하였다. 이후 2011년 1월 대법원의 재심청구를 통하여 무죄판결을 받았다. 죽산은 마지막 사형장을 걸어가면서 코스모스 향기를 맡게 해달라고 하여, 한참 동안 향기를 맡은 후 당당히 죽음을 맞이했다고 한다. 이제 코스모스를 보면 역사 앞에 당당했던 한 남자를 떠올리며 자신의 길을 의연하게 걸었으면 한다.

　잘 다듬어진 데크길을 갈참나무와 양버즘, 소나무와 벚나무를 벗 삼아 지나가는 차량들을 보며 쉬엄쉬엄 걸어가는데 데크길에 떨어지는 도토리 소리가 명랑하다. 데크길을 걷다 보니 2코스 스탬프 찍는 곳과 함께 '근심 먹는 우체통'이 나타난다.

　'근심 먹는 우체통'에서 근심을 잊는다는 '망우'(忘憂)의 유래를 떠올린다. '망우'는 태조 이성계가 지금의 구리시 근처에서 자신이 사후에 묻힐 터를 정하고 돌아오는 길에 고개에서 쉬면서 '오랜 근심을 이제 잊게 되었다'라고 해서 붙여진 이름이다.

'근심 먹는 우체통' 옆에는 '중랑 옹달샘'이 있다. 예전의 옹달샘이 아니라 현대식으로 냉장고에 시원한 생수병을 넣어 두고 시민들이 목마를 때 마실 수 있도록 중랑구청에서 배려해 준 것이다. 배부를 때 진수성찬보다 목마를 때 물 한잔이 더 소중한 법이다. 고마운 마음으로 물 한 병을 들고 간다. 그 옛날 우물가에서 두레박에 버들잎을 띄워 지나가는 나그네의 목을 축여주던 후한 인심이 중랑에 되살아 난 느낌이다. 언젠가 TV에서 보았던 산티아고 순례길의 분수처럼 쏟아지던 무료 포도주가 생각난다. 둘레길 등산객들에게 순례길 포도주 못지않은 선물을 주는 세심한 배려에 고마움을 전한다.

물 한 병 들고 다시 길을 나서니 엊그제 내린 비로 작은 계곡의 물소리가 제법 우렁차다. 물소리에 근심도 덜어내고 바람에 땀도 말리면서 깔딱고개를 향해서 나아가니 망우리 사잇길이 보인다. 사잇길을 왼쪽으로 두고 정돈된 둘레길을 계속 걷다 보니 벚나무길이 이어진다. 박인환 묘소에 잠시 들렀다. 오는 길에 온통 비비추에 덮힌 무덤이 마치 꽃상여를 연상시키는데 비석이 아니면 무덤이 있는지조차 모를 뻔했다.

아스팔트 둘레길의 벚나무를 벗 삼고 철 지난 철쭉의 배웅을 받으며 새소리와 물소리를 노랫가락 삼아 걷노라니 땀이 비 오는 듯 흐른다. 불어오는 바람에 땀을 식히고 바라보니, 오재영 선생 표지석 옆의 팽나무가 기운차다. 아래에서 굵게 3줄기로 갈라지고 그 줄기마다 3~4가지로 나뉘어서 제법 울창한 수형을 이루었다. 곳곳의 주황색 둘레길 띠지가 산들바람에 깃발처럼 나부끼고, 이중섭 묘소를 뒤로하고 걷는데 시끄러운 음악 소리가 여기저기 들리고 고래고래 목청껏 소리 질러 노래하는 할머니도 지나간다. 자연의 소리를 듣고 싶은데 시끄러운 음악에 스피커를 켜서 자기 취향의 노래를 강요하는 것 같아 답답하

자귀나무

고 씁쓸한 기분이다. 산에서의 예절과 기본적인 소양 교육이 절실해 보인다. 어떤 할아버지의 노력으로 만들어진 '국민강녕탑'을 지나다 보니 금실이 좋다는 자귀나무가 보인다.

자귀나무는 콩과의 낙엽 활엽 소교목으로 밤이 되면 잎이 오므라들어 서로를 안아준다고 하여 합환수 라고도 한다. 부부 금실이 좋아진다고 하여 정원 등에 심었다. 연분홍색 화려한 꽃이 6~7월에 작은 가지에 산형으로 15~20개씩 달린다. 꽃봉오리, 줄기, 껍질, 씨앗을 채취한 다음 말려서 각종 한약 재료로 사용한다.

중랑조망대에서 다채로운 서울의 모습을 한가로운 마음으로 바라보았다. 멀리 북한산의 보현봉과 백운대가 한눈에 들어온다. 도봉산의 주 능선인 포대 능선과 자운봉도 눈 앞에 펼쳐지면서 오른쪽의 수락산과 불암산도 손에 잡힐듯하다. 서울 도심의 빌딩과 주택들 사이로 야트막한 산자락들이 언뜻 보인다. 앙증맞은 꽃을 피우는 좀작살나무를 만나고, 무덤가의 노란 금계국을 지나니 길옆의 철 지난 황매화가 반겨 준다. 오른쪽 용마산 자락 길을 지나 망우삼거리 북 카페에서 이정표를 보며 숨을 고르니 조그만 개울물이

반갑다. 개울물에 손을 담그고 얼굴을 씻으니 정말 시원하다. 국수나무 군락을 지나 회양목과 누리장나무 산수유가 뒤섞인 길에 신갈나무와 아까시나무가 열병하듯 줄지어 서 있다. 봄에는 진한 아까시나무 향과 흩날리는 아까시나무꽃을 만끽할

수 있을 것이다. 우거진 숲에 햇빛은 가려지고 그늘은 지는데 계속된 아스팔트 길이라 발걸음이 팍팍하다. 여섯 줄기로 갈라진 벚나무를 지나고 빽빽하게 줄지어 서 있는 잣나무 군락을 지나니 어느새 아스팔트 길은 끝나고 부드러운 흙길이다. 흙길에 내리막길이라 발길이 가벼운데, 고개 들어 힐끗 보니 570계단 깔딱고개가 눈앞이다.

깔딱고개에서 아차산 생태공원까지

심호흡하고 깔딱고개를 바라본다. 자전거를 처음 탈 때도 첫 페달이 가장 중요한 것처럼 언제나 첫걸음이 중요하다. 한 걸음씩 올라가니 팥배나무와 소나무, 신갈나무와 싸리나

무가 어울려 자라고 있다. 용마산 조망대에서 바라보니 멀리 예봉산과 검단산 그리고 유유히 흐르는 한강이 보인다. 이제부터는 한강을 조망하며 걷는 서울 둘레길 최고의 길이

산초나무

서인지 기운이 부쩍 난다. 어느새 용마산 5보루에 다다랐다. 용마산 5보루는 고구려 시대의 유적으로 추정되는데, 북한산성이나 남한산성에 비하면 규모가 작은 편이다. 한강을 조망하면서 걷는 능선길에 보이는 산초나무에 가시가 선명하다.

산초나무는 운향과의 낙엽 관목으로 가시가 어긋나게 자라며, 꽃은 8~9월에 연한 녹색으로 피고 잎은 줄기에 13~21장 정도가 어긋나게 달리는데 어릴수록 가시가 억세고 오래될수록 가시는 짙은 회갈색으로 뭉툭하게 변한다. 둥근 열매는 가을에 붉은 갈색으로 여무는데 어린잎이나 씨앗 가루는 향신료로 사용하고, 풋열매는 가을에 채취하고, 줄기와 가지는 수시로 채취하여 그늘에 잘 말려서 약용이나 식용으로 사용한다. 산초나무와 비슷한 초피나무도 둘레길 여기저기에 자리를 잡고 있다.

초피나무는 제피나무라고도 하고 향이 강한 나무이다. 씨앗과 껍질을 같이 빻아서 가루를 내어 추어탕에 넣어 먹는 것이 초피나무 가루다. 대부분 사람은 추어탕의 비릿함을 없

초피나무

애고자 매운맛의 초피나무 가루를 사용한다. 또한 산초나무잎이나 초피나무잎은 봄철에 새순을 장아찌로 담가 먹기도 하고, 산초 열매는 기름으로 초피나무는 향신료로 사용한다. 초피나무는 가시가 같은 자리에서 마주나고 꽃잎이 있다. 산초 열매는 위로 달린 것처럼 열리고 초피나무는 사랑의 열매처럼 잔가지 주변

에 주렁주렁 달린다. 또한 초피나무는 살충 효과와 항균 작용으로 모기나 파리 등을 퇴치하는 데 효과가 있어서 마당 한쪽에 키우기도 했다.

산사나무

용마산 5보루를 지나면서부터는 서울의 동남쪽을 바라보면서 눈이 호강하며 걷는 길이다. 능선의 살랑거리는 바람과 함께 땅비싸리 나무가 흔하다. 아까시나무와 오리나무도 눈에 띄고 구불구불한 소나무들과 소금을 만든다는 붉나무를 지나니 산사나무가 눈에 들어온다.

산사나무는 햇빛을 좋아하는 낙엽 활엽 나무로 '찔구배나무' 라고도 불린다. 우리나라 산지에 두루 자생하며 꽃과 열매가 아름다워 조경용 나무로 인기가 좋다. 길고 커다란 가시가 잎 사이에 숨어 있어 잘못 만지면 상처를 입을 수도 있으니 조심해야 한다. 흰 구름처럼 몽실몽실 피는 하얀 꽃은 꿀이 많아 벌과 나비를 불러 모은다. 가을에 검붉은 열매는 단맛과 신맛이 나고 약용과 식용으로 두루 쓰인다. 산사나무 목재는 재질이 치밀하고 단단하여 목공예 재료로도 적합하다. 산에서 자라는 산사나무의 꽃과 열매 목재는 우리 생활 속에 산사나무 가시처럼 깊이 들어와 있다.

한강을 조망하며 걷다 보니 어느덧 아차산 4보루가 나온다. 아차산에는 여러 보루가 있는데 보루란 일반적인 산성보다 작은 규모로 적의 침략을 방비하기 위한 최전방 초소 같은 곳이다, 이곳은 삼국이 한강을

사이에 두고 각축전을 벌일 때 고구려의 남진 정책으로 5세기 후반 백제로부터 한강 유역을 빼앗아 아차산과 주변 지역에 보루들을 설치한 곳으로 보인다. 보루 주변의 아름드리 소나무, 수형이 아름답고 기운이 넘쳐 보이는 팥배나무, 멀리 굽이쳐 흐르는 한강을 보고 있으니 삼국시대 이 지역을 서로 차지하려고 각축전을 벌였을 장수와 병사들의 모습을 상상할 수 있다. 아차산 정상의 소나무 군락을 지나니 금계국 무리와 원추리꽃들이 무리 지어 있다.

원추리는 백합과의 여러해살이풀로 우리의 산과 들에서 잘 자라는 자생종이다. 봄에 연한 잎은 나물로 이용하고 양지바른 곳을 좋아한다. 봄에는 활처럼 휘어진 잎을 키우고 여름이 되면 꽃대를 꼿꼿이 세우고 주황색 꽃을 활짝 피운다. 꽃말이 '기다리는 마음' 또는 '하루만의 아름다움'으로 꽃이 피면 하루만 간다고 해서 'Day lily'이다. 그러나 한 포기에서 꽃대와 꽃봉오리가 계속 만들어지므로 한 달 정도 꽃을 볼 수 있다. 또한 근심을 잊게 해준다고 하여 '망우초'라고도 불린다고 하니 망우산, 망우공원에 너무나 잘 어울리는 여름꽃이다.

원추리

참나리

원추리와 닮은 참나리도 보인다. 참나리는 나리꽃 중에서 가장 아름답다는 뜻에 '참'을 붙여 참나리라고 부른다. 봄철 온산을 수놓는 진달래의 다른 이름은 참꽃인데 이때의 '참'은 먹을 수 있는 꽃이라는 의미이다. 철쭉은 먹을 수 없어서 개꽃이라고 불렸다. 참나리는 산과 들 묘지 근처에서 흔히 볼 수 있는 백합과의 여러해살이풀로, 높이가 1~2m까지 곧게 자라며 잎은 어긋난다. 꽃은 여름에 피는데 노란색이 도는 붉은 바탕에 자주색 점이 표범 무늬처럼 찍혀 있어 아름다움을 자랑한다. 요즘에는 화초로 화단이나 정원 등에 많이 심고 비늘줄기는 단맛이 있어서 약용과 식용으로도 가능하다.

구불구불 소나무와 열매를 맺는 아까시 나무를 헤치고 계단과 흙길을 따라 오르락내리락 걸으니 아차산 5보루다. 아차산 5보루는 문화유산 보호를 위해 옆으로 지나가야 하고 흙으로 덮여 있는 커다란 봉분 형태이기 때문에 잘 모르고 스칠 수도 있다. 아차산 5보루와 1보루가 이어지는 길에는 크고 작은 떡갈나무들이 소나무

참나리

들을 이겨내고 자리를 잡고 있었다. 온난화로 인한 기후 위기가 침엽수들의 자리를 어느새 활엽수들이 밀어내는가 보다. 이제부터는 바위와 소나무의 경연장이다. 크고 작은 온갖 모양의 바위들 틈에서 구부러지고 뒤틀려 자라난 소나무들이 어느덧 바위와 한 몸이 되어서 한 폭의 동양화를 선사해주고, 아래에서 불어오는 맑은 바람과 흰 구름 섞인 푸른 하늘도 멋진 배경이 되어 준다.

하산길 한쪽 전망 좋은 곳에 고구려정이 있다. 아차산과 고구려 하니 떠오르는 이름 하나, '온달 장군'이다. 고구려의 장군으로 북만주에서 한강까지 휘달리다가, 한강 북쪽을 수

복하려는 고구려와 지키려는 신라와의 전투에서 화살을 맞고 아차산 근처에서 전사했다고 전해지는데, 장사를 지내려 하자 관이 움직이지 않았다. 그때 평강공주가 와서 '삶과 죽음이 결정되었으니 이만 갑시다' 하니 비로소 관이 움직였다고 한다. 온달장군과 평강공주의 삶과 사랑, 죽음까지 연결되는 비장한 사랑 이야기다.

고구려정 주변에 화려한 표범 무늬 참나리와 범부채꽃이 범처럼 용맹했던 고구려의 기상을 다시 한번 느끼게 해준다. 하산길에 보이는 향기 짙은 누리장나무와 계곡 길에 심어놓은 비비추와 옥잠화들이 앞다투어 피어 있다. 둘레길 주변으로 수많은 오리나무와 오래된 중국굴피나무의 수형이 신령스러운 모습이다.

중국굴피나무는 중국이 원산지로 원산지에서는 30m까지 자라지만 우리나라에서는 10m 정도 자라는 낙엽활엽교목이다. 잎은 아까시나무 잎과 비슷하며 꽃은 4~5월에 황

중국굴피나무

녹색으로 핀다. 9월에 20~30cm의 열매가 아래로 하얗게 드리운 모습이 정말로 아름답다. 수형이 웅장하고 장대한 멋이 있으며 줄기가 곧고 아름다우면서 생장도 빨라서 정원수나 가로수 등으로 심는다.

아차산 생태공원

2코스 둘레길의 마지막을 장식하는 새로운 명소인 아차산 생태공원에 도착하니 잘 정리된 나무와 꽃들이 보기 좋다. 아차산 남쪽 끝에 자리 잡은 생태공원은 자생식물원, 나비

정원, 습지원, 생태관찰로, 관상용 논밭 등이 있다. 풍경이 아름답고 곳곳에 그늘과 쉼터 등이 있어 천천히 둘러보면 마음의 여유를 찾을 수 있는 곳이다.

제일 먼저 배롱나무가 활짝 꽃을 피워 반겨주고, 무궁화와 닮은 부용, 부처꽃, 원추리, 산수국, 큰꿩의비름, 금불초, 채송화, 비비추, 강아지풀, 쉬땅나.무 벌개미취, 꼬리조팝 등이 서로의 자리에서 자태를 뽐낸다. 각종 식물의 이름표를 불러주고 내려오면 생태공원의 백미인 습지원을 만날 수 있다. 연못 가운데에 나무다리가 놓여 있고, 연못이 거울처럼 비추므로 주변의 나무와 각종 꽃, 지나가는 구름과 태양, 불어오는 바람까지도 붙잡을 수 있다. 연못 속에는 서양 동화 속 주인공인 인어공주가 매끈한 모습으로 까닭 없이 앉아 있고, 각종 습지 식물들이 물 위와 인어공주 주변을 장식하고 있다. 꽃이 진 창포 무리와 노란색의 칸나, 올망졸망한 물옥잠들이 수면을 채우고 연꽃과 수련도 뒤질세라 연못 한쪽을 장식한다.

연꽃은 진흙 속에서 피어나는 청결하고 아름다운 꽃으로 순결과 신성의 상징이기도 하다. 수련과의 여러해살이풀로 연못이나 습지 등에서 잘 자라고 꽃은 한여름에 흰색이나 분홍색으로 꽃줄기 끝에 하나씩 달린다. 불가에서 신성시되는 꽃으로 부처님의 탄생을 알리려고 연꽃이 피었다고 하며 불교의 극락세계에서 연꽃 위에 신으로 태어난다고 한다. 부처님에게 연꽃을 바치고 부처님을 연꽃 위에 앉히고 연꽃을 손에 쥐여주는 등 불교와 연관이 매우 깊은 꽃이다. 연꽃은 진흙 속에서 피어나기 때문에 세속에 물들지 않는 군자의 상징으로도 여겨진다.

물 위에 걸쳐서 살짝 떠 있는 수련은 부끄러운 듯 자태가 곱다. 늦봄에서 여

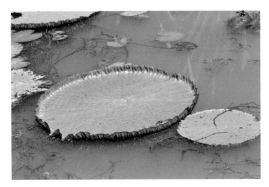

빅토리아연

수련

름까지 피는 수련은 아침에 피었다가 밤에는 꽃잎을 닫는 수면 상태에 들어간다. 이렇게 꽃잎 여닫기를 3~4일간 되풀이하고 맑은 물을 좋아해서 흙탕물을 정화 시키는 환경 식물이다. 활짝 핀 수련을 보면 마음이 맑아지고 포근한 느낌이 드는 것처럼, 사람도 따뜻하고 포근한 사람이 좋다. 또한 물 위에 맑은 잎과 청아함을 유지하는 모습이 깨끗한 눈과 맑은 영혼으로 세상을 살아가는 듯하다.

고구려정에서 만났던 범부채도 다시 만나고 꽃범의꼬리도 보인다. 범부채는 붓꽃과의 여러해살이풀로 짙은 반점이 구슬처럼 박혀있는 화려한 꽃이다. 7~9월에 노란 빛을 띤 붉은 바탕 반점들이 아름다운 표범 무늬를 보여준다.

범부채

꽃범의꼬리는 꿀풀과의 여러해살이풀로, 7~9월에 입술 모양의 꽃이 분홍색, 보라색 흰색 등으로 핀다. 젊은 날의 회

꽃범의꼬리   귀룽나무

상이라는 꽃말에서 느껴지듯이 가만히 꽃을 들여다보면 지나간 젊은 날의 추억이 꽃잎 하나하나에 스며있는 듯하다.

생태공원을 돌아보고 둘레길을 둘러보니 좀작살나무와 귀룽나무가 보인다. 귀룽나무는 봄에 피는 흰색 꽃의 주인공 중 하나로 꽃이 구름처럼 핀다고 구름 나무라고도 한다. 귀룽나무는 줄기 껍질이 거북 같고 줄기와 가지가 용을 닮아 귀룽나무가 되었다는 설과 구룡목에서 귀룽나무로 되었다는 설이 있다. 꽃은 향기가 강해서 멀리서 맡을 수 있고 봄에 가지마다 풍성한 하얀 꽃이 달린 모습을 보면 사색에 빠질 만하다. 그래서 꽃말이 '사색'인가 보다. 열매는 가을에 붉다가 검어지는데 둥근 열매는 채취하여 말려서 약으로 쓰고, 나무 재질은 벚나무류와 비슷하여 가구재 조

탱자나무

각재 등으로 사용하는 자생나무이다.

생태공원을 나오니 어느덧 마무리 길인 듯 주말농장인 텃밭에서 도시농부들이 온갖 채소며 나물 등을 가꾸는 모습이 아름답다. 텃밭 옆에 길고 날카로운 가시를 가진 탱자나무가 아직은 설익은 파란 열매를 주렁주렁 매달고 있다.

탱자나무는 납작한 녹색의 가지에 잎은 어긋나며 타원형이다. 5월에 흰색 꽃이 잎보다 먼저 피고, 열매는 둥글고 노랗게 익는다. 예전에는 집에 울타리용으로 많이 심었고 열매는 약재로 사용하고 꽃은 화장품이나 각종 향료의 원료로도 쓰인다.

주택가 골목길을 걷다 보니 멋진 개오동나무가 집안에 웅장한 모습으로 자라고 있다. 개오동나무를 잠깐 바라보고 나니 눈앞에 광나루역이다.

(박철균 숲해설가)

숲의 역할과 숲길 걷기를 통한 행복

박철균 숲해설가

숲은 인류의 어머니라고 한다. 인간이 이족보행을 하기 훨씬 이전부터 숲은 지구상의 모든 동·식물에 없어서는 안 될 소중한 존재였다. 네안데르탈인에서 호모사피엔스에 이르기까지 인간의 생활 터전은 숲이었다. 인간은 숲에서 나무 열매를 채집하고 물가에서는 물고기를 잡고, 다른 동물들을 사냥하면서 생존해 왔다. 현재 우리가 사는 세상이 숲에서 떨어져 있는 것처럼 보이지만 실제 우리는 수만 년 전 인간이 숲에서 살던 모습과 크게 다르지 않다. 우리의 무의식 상태에서 인간이 숲에서 생활했던 과거의 기억들이 남아 있어서 숲에 들어가면 고향과 같은 편안함과 어머니 품 같은 따뜻함을 느낄 수 있는 것이다. 인간은 숲이 주는 풍부한 자극을 오감으로 느낄 때 편안함과 쾌감을 만끽할 수 있다.

숲의 기능과 역할

숲에는 다양한 기능이 있고 예전에는 경제적 측면과 공익적 측면을 중요시했다. 하지만 오늘날에는 인간의 삶을 향상하는데 주안점을 두면서 숲이 가지는 문화적 가치와 환경적 가치가 더욱 중요하게 생각되고 있다.

숲의 경제적 기능으로는 나무를 심고 가꾸어 벌채한 다음 가공하여 다양한 용도로 사용한다. 버섯 등의 임산물 생산과 채취, 연료로서의 에너지원의 공급, 다양한 생물 자원의 유지 등이 있다. 공익적 기능으로는 수자원을 관리 보호하고 방재림 등을 통하여 각종 자연재해를 방지한다. 울창한 숲에서 쾌적한 휴식을 통한 건강관리와 숲과 함께 사라져가는 야생동물 보호, 소음으로부터의 차단 등이 있다. 문화적 기능으로는 숲 자체의 미적 가치와 숲 내외의 문화유산을 통한 문학, 예술, 종교 등의 터전을 제공하는 기능을 말한다. 숲이 존재함으로 인하여 심리적 안정과 정신적 만족감을 얻을 수 있다. 숲과 조화를 이루는 수많은 이야기를 통하여 탄생한 예술들이 숲의 문화적 기능이라고 할 수 있다.

요즈음에 가장 중요한 역할을 담당하는 환경적 기능에 대해 살펴보기로 하자. 첫째, 숲 정수 기능이다. 숲은 고성능 천연정수기이고, 숲속 토양은 녹색 댐의 역할을 한다. 깊은 산속에서 발원한 물이 산속 토양을 통과하여 맑고 깨끗하면서도 미네랄이 풍부한 질 좋은 물을 끊임없이 인간에게 제공해준다. 둘째, 공기정화 기능이다. 숲 자체가 거대한 공기청정기 역할을 한다. 나무는 광합성을 하기 위하여 대기 중의 이산화탄소를 흡수하고 산소를 방출하면서 숲속 공기를 깨끗하게 유지 시켜준다. 잘 조성된 숲은 온실가스를 흡수하고 동물에게 필요한 산소를 무한정 공급하는 녹색 산소공장이라 할 수 있다. 셋째, 숲은 천연 에어컨 기능을 하고 있다. 나무는 증산작용을 통하여 뿌리에서 흡수한 물을 잎을 통하여 배출한다. 이 과정에서 근처의 열을 빼앗아 주변의 온도를 내려가도록 하여 숲과 주위의 온도를 선선하게 해준다. 도시의 콘크리트 구조물로 데워진 지역과 숲의 선선한 지역과의 온도 차이로 숲속의 서늘한 바람이 도시지역으로 불어와 도심의 고온화를 막아주는 천연 에어컨 역할을 한다. 넷째, 숲은 토양을 보존하는 역할을 한다. 나무의 뿌리는 땅속 깊이 자리 잡으려고 노력하면서 흙 속의 양분과 수분을 흡수한다. 또한 다양한 종류의 수목들이 땅속에서 거미줄처럼 서로 얽혀 있어 토양을 단단하게 묶어주고 엮어주어 우천시에 토사유출이나 토사 붕괴가 되지 않도록 한다. 다섯째, 숲은 산과 바다를 이어주는 연결고리이다. 건강한 숲에서 공급하는 풍부한 영양분이 강을 따라 바다로 흘러가면 해안지역은 먹이가 풍부한 연안 서식지가 된다. 플랑크톤이 풍부한 곳에는 각종 물고기가 서식하고 강으로 되돌아온다. 강을 통하여 숲과 바다가 하나로 연결되는 거대한 생태계가 형성되는 것이다.

도심 속 숲과 생태공원의 필요성

자본주의가 고도로 발달한 사회에서 살아가는 현대인은 인간관계와 사회생활에서 극심한 불안과 과도한 정신적 스트레스에 시달리고 있다. 경쟁에 지친 현대인에게 육체적, 정신적 건강을 되찾게 해주는데 숲만큼 좋은 게 없다. 균형 감각이 깨진 인간의 뇌를 오감을 통하여 회복시키고 스트레스로부터 해방하려면 인간의 고향이자 어머니인 숲이 그 답이라 할 수 있다. 도심 곳곳에 작은 숲과 물이 흐르는 생태공원을 만들어야 한다. 심신이 지치고 힘들 때 숲에 들어가면 상쾌한 느낌을 받을 수 있는데 바로 피톤치드 때문이다. 사람의 후각은 청각이나 다른 감각에 비하여 감정을 흔드는 힘이 훨씬 강하다. 처음 맡은 향수의 냄새나 맛있게 먹은 음식 냄새는 우리 뇌 속에 오래도록 각인되어 있다. 피톤치드는 긴장 완화와 스트레스 해소, 심폐기능 강화에 아주 좋다. 고요한 숲에 가면 인간은 안정감을 느낄 수 있는데 나무들이 인공소음을 흡수해주고, 맑은 바람 소리와 상쾌한 새소리 그리고 개울물 소리가 우리 마음을 정화 시켜주기 때문이다. 한편 숲의 색깔인 녹색은 중간 파장으로 균형과 안정감을 주며 심신의 편안함과 정신적인 집중력을 높여준다. 보통 청록색 계열은 시원한 느낌을 주어 정신을 맑게 하며 마음을 안정시켜주는 역할을 한다. 몸이 아픈 환자의 경우 창밖으로 녹색의 자연경관이 보이는 환자가, 인공경관만 보이는 환자보다 치료 효과가 훨씬 높다고 한다. 이렇게 녹색의 숲이 인간에게 주는 혜택은 무궁무진하다.

숲속 걷기로 행복 지수를 높이자

현대 인류인 호모사피엔스는 극한의 자본주의 경쟁 구도에서 살아가야 한다. 학교생활에서의 시험 성적, 서열화된 대학을 가기 위해 친구도 제대로 만들 수 없는 주변 환경, 직장에서의 승진을 위한 끊임없는 자기 계발과 실적 달성 등으로 지친 현대인에게 숲만큼 필요한 것은 없다.

숲이 잘 조성된 지역 직장인의 직무 만족도가 그렇지 못한 곳보다 높고, 스트레스 지수는 매우 낮다고 한다. 직장인들이 하루 20분 정도만 사무실 근처의 숲길을 걸으면 직장생활에 긍정적인 요소로 작용한다. 요즘은 육체적인 피로보다 정신적인 피로가 높으므로 정신적으로 누적된 피로를 해소해줘야 건강을 유지할 수 있는데 숲속 걷기가 긴장을 이완시키고 피로에서 회복시키는 첫걸음이다. 도심 곳곳에 조그마한 숲과 생태공원 등이 잘 가꾸어져 있으면, 지친 현대인에게 긍정적 자극을 주어 도시 전체의 경쟁력을 높이고 활력을 불어넣을 수 있다.

'숲'이 바로 경쟁력이다. 숲속 걷기는 스트레스에 시달리는 우리를 스트레스로부터 해방해주는 명약이다. 걷기는 우리 인간의 본능적인 몸짓으로 인류의 태생부터 수렵채집 과정에서 체화된 것이다. 걸을수록 즐거운 유전인자가 나타나고 행복 호르몬이 분출되어 머리가 맑아진다. 예술가의 뛰어난 예술적 상상력이나 과학자의 창조적인 사고가 조용한 숲길 걷기를 통하여 이루어졌다. 우리가 지나치게 긴장하거나 스트레스를 받으면 저산소, 저체온 상태가 되는데 이때 산소를 충분하게 공급하는 방법이 숲속 걷기이다. 숲속 걷기를 통하여 여유로운 마음을 가지고 머리를 식혀주면, 치매를 예방하고 분노를 조절하여 정신건강을 유지하는 것이다.

우리가 도시 곳곳에 숲을 잘 조성하고 가꾼다면 잘 가꾸어진 숲은 우리에게 무한한 선물을 선사할 것이다. 도심 숲들은 에너지가 필요 없는 자연의 공기청정기, 천연정수기, 무한한 녹색 산소공장이 되어 우리 삶의 질을 향상하고 쾌적하고 청정한 환경을 만들어 줄 것이다.

iii. 3코스 (고덕산 · 일자산)

- **시 · 종점** : 광나루역 – 수서역
- **거리** : 약 25.6km
- **소요시간** : 약 9시간
- **난이도** : ★★★ 초급
- **매력 포인트** : #강길 #숲길 #하천길 혼재
- **절약한 탄소** : 6.3kg
- **스템프 위치** : 광진교 초입, 일자산 초입(고덕역 4번출구), 방이동생태경
  관보전지역 앞, 탄천 광평교(수서역 방향)
- **교통수단** : 지하철 광나루역, 고덕역, 올림픽공원역, 수서역
- **탐방** : 강인배 숲해설가

서울둘레길 3코스는 총 길이 25.6㎞로 대부분 구간이 비교적 평탄하여 편안하게 걸을 수 있는 길이다. 강길, 숲길, 하천길이 혼재되어 있어서 도심에서 볼 수 없는 다양한 수목과 자연 생태계를 서울의 역사 문화와 함께 체험할 수 있다. 3코스는 광나루역에서 시작하여 고덕산, 일자산, 성내천, 탄천을 거쳐 수서역까지 이어지고, 이를 세 구간(3-1, 3-2, 3-3)으로 나누어 탐방할 수 있다. 3-1코스는 광나루역에서 명일공원(고덕역)까지 약 9.3㎞ 구간, 3-2코스는 명일공원에서 오금 1교(올림픽공원역)까지 약 7.7㎞ 구간, 3-3코스는 오금 1교부터 수서역까지 약 8.6㎞ 구간이다.

3-1코스 (광나루역-명일공원)

서울둘레길 3코스는 광나루역에서 나와 스탬프 우체통이 있는 광진교 북단에 도착하여 다리 위를 걷는 것부터 시작된다. 광나루 다리 위 보행로를 걸으면서 한강 주변의 풍경과 멀리까지 서울의 모습을 시원하게 바라볼 수 있어 잠시 복잡한 도시를 벗어난 느낌이 든다. 광나루 다리의 한자어인 광진교(廣津橋)는 2011년 녹지 보행로가 완성되면서 한강 다리 중 가장 걷기 좋은 다리로 만들어졌다. 다리 위에 만들어진 화단에는 때죽나무, 화살나무, 마가목, 무궁화 등 식재된 다양한 나무는 물론 강아지풀, 개망초 등 많은 종류의 초본류 식물이 자생하고 있다. 가을에는 빨갛게 물든 낙상홍 열매가 싱그럽고 예쁘게 눈에 들어오고, 들국화 3형제라고 부르는 것 중 하나인 벌개미취와 각종 야생화가 서로 잘 어울

려 조화를 이루고 있다. 군락으로 피어 있는 구절초꽃이 다리 난간에서 한강을 바라보면서 강바람에 흔들거리는 풍경이 마치 한 폭의 그림 같다. 계절마다 변하는 다양한 식물로 인하여 다리 위에서도 계절의 변화를 느낄 수 있다. 우리가 흔히 들국화라고 말하는 식물은 별도의 식물이 있는 것이 아니다. 소위 들국화 3형제라고 하는 구절초, 쑥부쟁이, 벌개미취와 노랗게 꽃이 피는 산국, 감국 등과 같이 대체로 가을에 산과 들에서 흔히 볼 수 있는 국화과 식물을 통칭하여 부르는 것이다. 전문가가 아니면 이 식물들을 구

별하기란 쉽지 않으나, 자세히 살펴보면 꽃과 잎 등이 제각각 다르다는 것을 알 수 있다. 이들 중에 금불초(하국), 산국, 감국은 노란색 꽃이, 구절초, 벌개미취, 쑥부쟁이는 주로

흰색과 연보라색 또는 연한 자주색 꽃이 핀다.

들국화 3형제

구절초는 국화과에 속하는 여러해살이풀로 구일초, 선모초 라고도 하며 산기슭과 풀밭에서 자란다. 구절초라는 이름은 아홉 번 꺾이는 풀, 또는 음력 9월 9일에 채취하

벌개미취

미국쑥부쟁이

구절초

여 약으로 유용한다는 것에서 유래하였다고 한다. 한줄기에 꽃대가 1-5개 정도 달리면서 9~11월에 지름이 4~6㎝의 흰색과 연분홍색 꽃이 핀다. 꽃이 단아하고 아름다워 최근 조경용으로도 이용되고 있으며, 한방과 민간에서는 꽃이 달린 풀 전체를 부인병·치풍·위장병에 이용되고 있다. 쑥부쟁이는 국화과에 속하는 여러해살이풀로 전국에 분포되어 있고 습기가 약간 있는 산과 들에서 자란다. 쑥부쟁이는 꽃을 한 번에 피우지 않는 경향이 있어 한여름부터 꽃이 가지 끝에 한 송이씩 피기 시작하여 늦가을까지 지름이 2.5~3㎝ 크기의 연보라색으로 핀다. 줄기에 달린 잎은 둥글거나 긴 모양으로 어긋나고 아래쪽 잎 끝부분은 톱니 모양이다. 겉면은 녹색이고 윤이 나며 위쪽으로 갈수록 크기가 작아진다. 품종이 다양하며 어린순은 나물로 이용된다. 벌개미취는 국화과에 속하는 여러해살이풀로 벌판에서 자라는 개미취라고 하여 붙여진 이름으로 별개미취 라고도 한다. 꽃은 지름이 4~5㎝ 연보라색이나 연한 자주색으로 6~10월에 핀다. 잎은 앞으로 길게 뻗어나며 끝이 뾰족하다. 잎은 길이 10~20cm, 폭 1.5~3cm가량이며 잎 가장자리에 작은 톱니가 있고 위쪽으로 올라가면서 잎이 작아진다. 벌개미취는 꽃이 매우 아름다워 원예용이나 조경용으로 부족함이 없어 근린공원이나 도로가 화단에서 많이 발견된다. 벌개미취와 비슷한 모양으로 개미취가 있는데 벌개미취보다 키도 크고 잎이 넓다.

광진교에서 내려와 한강 둔치 길에서 암사생태공원까지 이어지는 약 1.5㎞ 정도의 탐방길 주변에는 도심에서는 비교적 보기 드문 식물들을 다양하게 볼 수 있다. 이른 봄에는 노란 꽃이 피고 가을에는 빨간 열매를 맺어, 지나는 사람들에게 계절의 변화를 확연하게 알려주는 산수유나무가 광진교 인근 한강 둔치에 수십 그루가 있다. 광진교 아래에서부터 둘레길을 따라 주변에 느릅나무, 버드나무, 능수버들, 꼬리조팝나무, 쉬땅나무, 찔레나무와 참억새, 범부채, 털부처꽃 등 다양한 종류의 식물들이 자라고 있다. 한강 둔치 공원은 물론 생태경관보전지역 전역에 울창하게 우거져 있는 버드나무가 인상적이며, 둘레길 양옆에 한결같이 큰 키로 줄지어 서 있는 양버들 가로수가 어린 시절에 걸었던 시골 신작로를 생각나게 한다. 강과 둘레길 사이 둔치에 길고 넓게 자리한 생태경관보전지역 안에는 갈대와 버드나무가 풍성하게 자라고 있어 눈으로 녹음을 한없이 만끽할 수 있다. 생태경관보전지역 울타리 역할을 하는 찔레나무 옆을 걸을 때는 한적한 시골에 와 있는 느낌이

든다. 이 길 주변에 조성된 화단에는 식재된 것으로 보이는 수레국화, 털별꽃아재비, 코스모스, 해바라기, 털부채꽃, 자주꿩의비름, 루드베키아, 메리골드, 백일홍, 튤립 등 다양한

산수유

식물이 있다. 화단 안의 이 식물들은
해마다 혹은 계절마다 종류가 일부
바뀌면서 주변 풀밭에서 자생하고 있
는 붉은토끼풀, 개망초, 강아지풀 등
과 같은 야생식물과 함께 잘 조화를
이루고 있다.

백일홍은 국화과에 속하는 한해살
이풀로 꽃이 백일 동안 붉게 핀다는
뜻이다. 꽃은 6~10월에 걸쳐 계속
핀다. 원래 잡초였으나 개량하여 현
재의 모습이 되었으며 노란색, 흰색,
자주색 등 여러 가지 꽃 색깔이 있다.
일반적으로 배롱나무도 백일홍이라

백일홍

하여 혼용되고 있으나 이는 전혀 다른 식물이다.

튤립은 백합과의 여러해살이 식물로 남동 유럽과 중앙아시아가 원산지이다. 16세기 후반에 유럽 전역으로 퍼졌다. 꽃은 4~5월에 종 모양의 꽃이 순백색, 노란색, 붉은색 계통 등 여러 빛깔로 핀다. 귀화식물로서 관상용으로 많이 재배하고 있다.

맨드라미는 비름과의 한해살이풀로 열대 아시아가 원산지이며, 주로 관상용으로 심는다. 줄기는 곧게 서며 높이 90cm 정도 자라고 흔히 붉은빛이 돌며 털이 없다. 꽃은 7~8월에 홍색 · 황색 · 백색으로 피며, 주름진 모양이 마치 수탉의 볏과 같이 보인다. 꽃은 지사제로 약용하거나 관상용으로 이용한다.

버드나무 군락을 걷다

3코스에서는 다른 둘레길에는 비교적 흔치 않은 다양한 종류의 버드나무를 관찰할 수 있다. 광진교 아래부터 암사생태공원까지의 구간과 성내천 · 탄천 구간, 그리고 방이동 생태경관보전지역 주변에는 양버들, 수양버들, 능수버들, 갯버들, 키버들, 선버들, 용버들, 삼색버들 등 다양한 종류의 버드나무류가 서식하고 있다. 이는 아마도 물을 좋아하는 버드나무 식물의 특성 때문일 것이다.

봄을 알리는 나무 중 하나인 버드나무는 가지가 부드럽다는 뜻인 '부들 나무'에서 온 말이다. 버드나무는 물을 좋아하여 시냇가나 강가, 호숫가에 많다. 비교적 빨리 자라는 편이나 왕버들 외에는 수명이 그리 길지 않다. 버드나무는 충매화로 꽃가루가 없음에도 불구하고 열매가 익어서 날리는 솜털 같은 씨앗이 알레르기를 일으키는 꽃가루로 잘 못 알려진 때가 있었다. 버드나무에서 나오는 물질인 '실리실산'으로 아스피린(1899년 독일 바이엘제약사 호프만이 발견)을 만든다. 버드나무는 살균 및 염증 완화 성분이 함유되어 있어 옛날 우리 선조들이 치아 염증 치료에도 사용했으며, 이를 닦을 때 '양치하다'라고 하는데 양치의 어원이 버드나무 가지를 뜻하는 양지(楊枝)에서 나왔다고 한다. 또한, 버드나무는 물에 녹아 있는 질소, 인산을 흡수하여 물을 정화하는 등 우리에게 이로운 나무이다.

우리나라에서 서식하는 버드나무는 40여 종이라고 한다. 버드나무류는 수형과 잎 모양 등이 겉으로 보기에 뚜렷한 차이가 있는 경우를 제외하고는 일반인이 종류별로 명확하게 구분하기가 쉽지 않다. 겉모습이 서로 닮아 구분이 어려운 버드나무 중 생김새기 비슷한 것끼리 모아 살펴보면 모양과 특성이 다름을 알 수 있다.

양버들, 이태리포플러, 미루나무

양버들은 멀리서 보는 수형이 빗자루 모양으로 위로 치솟아 있다. 나무껍질은 흑갈색이고, 잎은 난형으로 가장자리에 잔 톱니가 있다. 대체로 잎 모양이 길이보다 옆 넓이가 길게 보인다. 이태리포플러는 전체 수형이 멀리서 보면 공처럼 둥글게 보인다. 나무껍질은 은빛을 띤 흰색이며 가지는 둥글고 털이 없다. 잎은 삼각형이고 어린잎은 붉은빛이 돌다가 녹색으로 변한다.

미루나무는 수형이 아래쪽은 빗자루 모양으로 치솟아 있으나, 위쪽은 이태리포플러처럼 수형의 폭이 넓어 공처럼 보인다. 잎은 난상 삼각형 또는 넓은 달걀 모양이고 두꺼운 편이며 옆 넓이보다 길이가 길다. 미국에서 들어온 버드나무라는 뜻에서 미류나무 라고 부르기도 한다.

능수버들, 수양버들

능수버들은 가지가 땅에 닿을 정도로 길게 늘어져 있고, 1년생 어린 가지의 색깔이 황록색이다. 잎 가장자리에 잔 톱니가 있고 잎 뒷면에 털이 있으며, 꽃차례가 1~2㎝로 씨방에 털이 있다. 수양버들은 늘어지는 가지가 짧은 편이며 1년생 어린 가지의 색깔이 적자색이다. 잎 가장자리에 잔 톱니가 거의 없고 잎 양면에 털이 없으며 꽃차례 길이가 2~4㎝이로 씨방에 털이 없다. 우리나라가 원산지인 능수버들은 전국 각지에서 쉽게 볼 수 있다. 반면 수양버들은 중국 수나라의 양제가 양자강에 대운하를 건설할 때 심어 그

수양버들

이름이 유래된 나무로 우리 주변에서는 비교적 흔치 않은 편이다.

갯버들, 선버들, 키버들

갯버들은 우리가 흔히 버들강아지라고 부르며 피리를 만들어 불었던 버드나무다. 잎이 어긋나고 어린 가지와 잎의 앞뒷면에도 융털이 많다. 지면에 잔가지가 많이 돋으면서 4~5m 정도 자란다. 선버들은 곧추서서 자라는 버드나무라는 뜻에서 붙여진 이름이다. 잎이 어긋나게 달리고 잎 폭이 더 좁은 편이다. 버드나무나 갯버들, 키버들은 꽃밥이 붉은색인데, 선버들은 노란색이다. 키버들은 우리나라에만 자생하는 식물로 약 2m 정도 가늘게 자란다. 키버들은 잎과 가지에 털이 없으며 두 잎이 마주 달리는 특징이 있다. 가지가 단단하면서도 잘 구부러져서 키나 고리짝 같은 생활용품을 만든다. 그래서 '키버들' 또는 '고리버들'이라 부른다.

갯버들

키버들

키버들

왕버들, 용버들

왕버들은 주로 습지나 냇가에서 자라며 물속에서도 썩지 않고 살 수 있다. 왕버들이라는 이름은 왕버들 나무가 일반적인 버드나무에 비해서 키가 크고 잎도 넓기 때문인 것으로 알려져 있다. 키는 10~20m로 줄기가 굵고 몸집이 커서 마을의 정자나무로 많이 심었다. 왕버들은 나이가 많아지는 경우 줄기가 썩어서 큰 구멍이 생기게 되며 목재 안의 인(Phosphorus) 성분 때문에 불빛이 나는 것으로 알려져 있다. 원산지는 한국이며 일본, 중국에도 서식한다.

용버들은 고수버들·파마버들이라고도 하며, 중국이 원산지이다. 원줄기와 큰 가지는 위로 자라지만 작은 가지는 밑으로 처지고 꾸불꾸불하다. 나무껍질은 짙은 잿빛이고 작은 가지는 붉은 갈색이며 겨울눈은 달걀 모양으로서 털이 없다. 잎은 어긋나고, 바소꼴이며 거의 털이 없고 가장자리에 뾰족한 잔 톱니가 있다.

삼색버들

삼색버들의 키는 1~2m 정도 자라는 낙엽활엽관목이다. 가지 끝부분 잎부터 녹색이 분홍색과 흰색으로 섞이기도 하며 날이 갈수록 나뭇잎 전체가 색이 변해가며 멀리서 보면 마치 꽃이 핀 것처럼 보이기에 삼색(녹색, 흰색, 분홍색) 버드나무라고 한다. 추위와 척박한 땅에서도 생명력이 강한 편이며, 나무 모양을 다양하게 만들 수 있다는 장점이 있다. 삼색버들 잎이 꽃처럼 아름다워서 정원수나 공원 조경수로도 많이 이용되고 있다.

한강공원 둘레길 구간을 지나 올림픽대로 아래 보행로인 암사나들목을 들어가기 바로 직전 왼쪽에 암사생태공원 출입구가 있다. 이곳은 다양한 종류의 식물들이 계절에 따라 제각각 다른 모습을 보여준다. 산책로 주변 실개천과 연못 형태의 작은 습지에서는 올챙이와 곤충도 관찰할 수 있는 곳이다. 암사생태공원 안에서는 자연 생태계의 모습을 가까이에서 관찰하

기 좋은 장소이므로 둘레길을 걸으면서 이곳도 방문하여 둘러보기를 권한다. 여기에는 버드나무, 꼬리조팝나무, 쥐똥나무, 조팝나무, 쉬땅나무, 큰낭아초, 좀작살나무, 이팝나무, 화살나무 등 목본류 50여 종과 부들레야, 갈대 등 초본류 120여 종이 식생하고 있으며, 왜가리 등 각종 조류와 참개구리 등 양서류가 서식하고 있다고 한다.

암사생태공원 탐방을 마치고 올림픽대로 하부인 암사나들목을 통과하면 선사마을에 이어서 암사동 선사유적지를 만난다. 유적지와 둘레길을 구분하는 울타리는 줄사철나무, 담쟁이덩굴, 매자나무로 연이어서 나지막하게 만들어져 있어 유적지 안에 재현해 놓은 움집 등을 울타리 밖에서도 일부 엿볼 수 있다.

암사생태공원

매자나무는 경기도 이북의 산기슭에서 자라는 우리나라의 특산식물로 꽃이 아름답고 개화기가 길며, 붉은 과실이 잎이 떨어진 뒤까지 남아 있어 중부지방에서는 생울타리로도 이용된다. 뿌리는 급성장염·이질·소화불량·간염·황달·결핵염·임파선염·옹종·음낭습 등에 치료제로 쓰인다. 또, 나무껍질은 명반을 매염제로 하여 대황갈색을 내는 천연염료로 사용할 수 있다. 일본매자나무는 높이 2m 정도 자라는 낙엽성소관목으로 많은 가지가 줄기에서 갈라져 나간다. 잎 표면은 광택이 있는 녹색이고 뒷면은 연녹색으로 후에는 흰색을 띠는 것도 있다. 가지는 갈색이고 꽃은 황색으로 늘어져서 피며 외면은 약간 적색이다. 원산지는 동부와 중부 아시아, 남아메리카, 북아메리카, 유럽 및 북아프리카에 175종이 있다.

매자나무

일본매자나무

  선사유적지 옆길이 끝나는 지점 건너편 서원마을을 지나면 올림픽대로와 주변 도로를 받치고 있는 몇 개의 교각들이 서 있는 구간이다. 거리로 약 150m 정도 되는 이 구간은 교각 등과 같은 콘크리트 구조물로 인하여 다소 삭막해 보이고 어수선하다는 느낌이 들지만, 주변에는 생각보다 다양한 식물이 자라고 있어 여기에서 머무르는 시간이 자연스럽게 길어진다. 각종 야생화와 더불어 아까시나무, 족제비싸리, 칡이 군락을 이루고 있는 지역으로 봄에는 족제비싸리꽃과 아까시나무꽃을, 여름에는 칡꽃을 볼 수 있는 곳이다. 그리고 자주개자리 등 자생하고 있는 비교적 다양한 야생식물을 관찰할 수 있는 구역이다. 간혹 사람들의 트럼펫 같은 관악기 연습 소리가 들려와 색다른 분위기를 느낄 수 있는 곳이기도 하다. 교각 아래를 지나 암사아리 수정수센터 입구에 도달하기 직전에 있는 올림픽대로와 접해있는 구릉지 오르막길에는 다른 둘레길에서는 흔하게 볼 수 없는

족제비싸리

오동나무 군락이 있어 관심을 끌게 한다. 여기서 주변을 살피지 않고 오르기만 하면 오동나무 군락을 보지 못하고 그냥 지나칠 수도 있다. 이곳에서도 봄, 여름에 아까시나무꽃 향기와 칡꽃 향기를 맡을 수 있고 구릉지 곳곳에 자리 잡은 야생화도 볼만한 곳이다.

고덕산도 산이다

암사아리수정수센터 입구에서부터 본격적으로 고덕산을 완만하게 오르는 둘레길이 시작된다. 고덕산에서는 오르기 시작점부터 계절과 상관없이 각종 새 소리를 들을 수 있다. 고덕산이라 부르게 된 것은 고려 충신 석탄 이양중 공이 고려가 망하고 조선이 개국하자 관직을 떠나 야인으로 이곳 산자락에 은둔생활을 시작했고, 후일 인근 백성들이 공의 고매한 인격과 덕성을 높이 기린 데서 유래한 것이라고 한다. 고덕산은 완만한 야산으로 높지 않아 걷기에는 어렵지는 않다. 여기에는 군락을 이루고 있는 소나무를 비롯하여 온갖 종류의 수목들과 새 들이 공존하고 있어 솔향을 맡고 새 소리를 들으면서 편안하게 걸을 수 있는 길이다. 고덕산 정상(86m)은 산 정상이라고 하기에는 낮은 높이지만 구리시 구리타워와 한강을 시원하게 내려볼 수 있
는 곳이다. 계속 걷다가 능선 중간 정도
에서는 청동기시대에 조성된 것으로 추
정되는 고인돌(고덕동 고인돌 1, 2호)이
있어 이를 가까이에서 볼 수 있다. 계속
하여 이어지는 샘터근린공원 인근 고덕
산 자락길도 역시 걷기에 쉬운 길이고,
이곳 일부 구간에는 둘레길과 같은 방향으로 데크길이 별도 설치되어 있어, 이 길을 이용
하면 더욱 편안하게 걸을 수 있다.

3-2코스(명일공원-오금 1교)

　서울둘레길 3-2코스 시작점인 고덕역 4번 출구 건너편 명일근린공원 입구에서부터 일
자산 둔굴까지의 약 5.5㎞ 구간은 나무가 우거진 그늘이 많아 더운 여름에도 걷기 좋은 길
이다. 명일근린공원을 거쳐서 걷는 길은 곳곳에 운동시설과 쉼터가 잘 갖춰져 있다. 숲길
양옆으로 식재된 것으로 보이는 허리 높이까지 자란 화살나무 울타리를 따라가다 보면 각
종 참나무, 산딸나무, 고광나무도 마주하게 된다. 분주하게 여기저기 나무를 옮겨 다니는
청설모를 간간이 만나는 곳이기도 하다. 계속 걷다 보면 차도 위로 난 '숲길교'를 만난다.
다리를 건너자마자 오래된 아까시나무 군락과 함께 단풍나무, 참나무류가 어우러져 숲길
의 깊이를 더 해주고 있어 아무리 걸어도 싫증 나지 않는 길이다. 여기를 좀 더 지나면 작
은 규모의 메타세쿼이아 군락도 있다. 이 숲길 구간 걷기를 마치고 내려와 천호대로 교차
로를 건너면 바로 즐비하게 있는 화원들을 만난다. 이곳에서는 계절마다 조금씩 바뀌면서
진열되어있는 숲에서는 볼 수 없는 다양한 식물들을 덤으로 관찰할 수 있다.

일자산을 걷다

화원 단지를 지나고 나서는 본격적으로 일자산 둘레길 걷기가 시작된다. 일자산은 경기도 하남시와 강동구 둔촌동에 걸쳐 있는 산이다. 북쪽으로 서울시 고덕동과 상일동, 서쪽으로 서울시 둔촌동·길동, 동쪽으로 초이동을 끼고 있다. 서울의 외곽을 둘러싸고 있는 산으로 높이 134m이며, 남북으로 약 5km 정도 길게 뻗어 있다. 이곳에는 감북동 공원묘지와 일자산허부천문공원, 해맞이공원, 강동그린웨이가족캠핑장과 고려말 문인 둔촌 이집(李集)의 훈교비(訓敎碑)가 있다. 일자산 숲길로 들어갈 때 약

200여 미터 정도가 완만한 오르막길로 다소 숨은 차나 그리 험하지 않아 걷기에는 어렵지 않다. 이곳을 오른 후부터는 비교적 평지인 일자산 능선 길이 길게 이어지므로 편안하게 걸으면서 사색을 하거나 여유롭게 주변 자연물을 관찰할 수 있는 구간이다. 이 길은 부드러운 흙길로 되어 있어 맨발로 걷는 사람을 흔하게 볼 수 있다. 일자산 능선을 걷는 동안은 잠시 쉴 수 있는 휴식 공간과 운동기구가 놓여 있으나 화장실은 없는 것 같다. 화장실이 안 보이는 것은 아마도 아름다운 숲길 자연경관 훼손을 줄이기 위한 것이라고 짐작된다.

일자산 둘레길 특징은 길가 좌우에 식재된 것으로 보이는 무궁화가 많다는 것이다. 여름에는 만개한 무궁화꽃을 볼 수 있는 길이다. 이곳은 점차 세월이 갈수록 무궁화 길로 특화된 둘레길이 될 것으로 생각된다. 8월 중순 이후로는 산길에서는 좀처럼 보기 드문 백일홍과 벌개미취꽃이 둘레길 도중 휴식 공간에 아담하게 조성된 화단 안에 피어 있어, 비록 숲길이지만 잘 어울려서 탐방객에게 색다른 숲길 분위기를 느끼게 한다. 계속 걷다가

만나는 공원묘지 옆 길가에 야생화인 무릇꽃이 간간이 보인다. 일지산 산길은 여느 숲속 길과 마찬가지로 다양한 종류의 식물이 자라고 있다. 산길과 숲의 경계로 막아 놓은 철망에 사위질빵 넝쿨이 타고 올라 녹색 담을 이루고 있어 아름다운 그림같이 보인다. 6월 초 즈음에는 올림픽공원역 방향으로 내려가는 일지산 숲길 주변에서 빨갛게 잘 익은 산딸기를 볼 수 있다.

  일자산 구간을 벗어나 방이동 생태경관보전지역 입구 방향으로 도로를 따라 걸어가면 3 코스 둘레길 두 번째 화원 단지를 만난다. 여기에서도 역시 다양한 식물을 볼 수 있어, 잠시 차도 옆 인도를 걷는 무료함을 달래주고 있다. 이어서 방이동 생태경관보전지역을 지나는 길목에 들어서면 길 좌우는 물론,

주위에 웅장하게 서 있는 다양한 종류의 나무를 볼 수 있다. 특히 버드나무류가 많이 보인다. 이 생태경관보전지역은 연못 형태의 인공습지, 갈대군락, 버드나무 군락, 농경지 등이 있다. 이곳에는 쇠백로, 왜가리 등의 조류와 식물 100여 종, 곤충 120여 종이 서식하고 있다고 한다. 여기는 오후 5시까지만 입장이 가능하므로 둘레길 탐방 중에 별도로 이곳 입장을 바란다면 시간을 잘 조절하여 오는 것이 필요하다. 생태경관보전지역을 지나서 이 구간 둘레길 출구 즈음에 있는 나무껍질에 다이아몬드 무늬가 뚜렷하게 새겨져 있어 이 나무가 바로 버드나뭇과 은사시나무임을 바로 알아볼 수 있게 한다. 은사시나무와 자작나무가 줄기와 잎이 비슷하여 혼동될 수 있으나 나무껍질 무

늬로 쉽게 구별할 수 있다. 은사시나무는 백록회색 나무껍질에 다이아몬드 무늬가 많고 자작나무는 흰 나무껍질에 가로줄 무늬가 많다.

3-3코스(오금1교-수서역)

방이동 생태경관보전지역을 지나면 바로 성내천에 다다른다. 성내천 다리를 건너서 오른쪽은 올림픽공원역 방향이고, 왼쪽은 장지천, 탄천을 거쳐서 수서역까지 이어지는 서울 둘레길 3코스가 계속되는 방향이다. 서울에는 크고 작은 많은 하천이 있지만, 성내천과 장지천 구간을 걸을 때마다 이곳처럼 깨끗하고 잘 가꾸어진 하천은 드물다고 생각하게 된다. 송파구의 시민을 위한 하천 공원 가꾸기 노력이 엿보이는 곳이다. 그래서 성내천 변 길을 지나갈 때는 이곳과 가까운 지역에 거주하고 있는 사람들이 부럽다.

성내천 변은 둘레길을 따라 가로수로 느릅나무, 벚나무, 왕벚나무 그리고 그사이에 꼬리조팝나무가 연이어 식재되어 있어 하천 변이라기보다는 잘 가꾸어진 공원 같다. 하천

변 경사면에는 개망초, 금계국, 붉은토끼풀, 박주가리, 개나리 등 야생식물이 가득 차 있어 아름다운 정원 화단같이 느껴진다. 장지천, 탄천, 한강공원 등 여느 하천 변, 강변에서와 마찬가지로 각종 버드나무와 갈대 풀이 많다. 간혹 하천에서 한가롭게 놀고 있는 쇠백로도 볼 수 있는 곳이다.

느릅나무는 느릅나무과에 속하는 낙엽활엽교목으로 춘유 혹은 가유라고도 하며 높이는 15m 정도로 우리 나라, 중국, 일본에 분포한다. 봄에 어린 잎은 나물로 식용하며 껍질과 뿌리는 혈관 건강, 비염, 위장장애, 이뇨작용 등의 치료에 필요한 한약재로도 쓰인다.

느티나무는 우리나라 대부분의 지역에 자라는 낙엽교목으로 오래된 것은 높이 20 m 이상, 줄기의 지름이 3m 정도로 자란다. 무늬와 색상이 좋아 고급 목재로 쓰인다. 예로부터 느티나무는 고궁이나 사찰을 만드는 데 쓰였으며, 양반의 집이나 가구, 악기 등을 만드는 데 쓰였다. 전국 각처에 수령이 오래된 느티나무가 산다. 우리 나라에는 1,000년 이상된 노거수가 64그루 있다고 집계되는데, 그중 25그루가 느티나무이다. 그중 13건이 천연기념물로 지정되어 있다.

겹벚나무는 장미과 낙엽교목으로 일본에서 산벚나무를 육종해 만든 품종이다. 꽃은 다른 벚나무 종류보다 늦은 5월에 피고 개화 기간이 20일 이상으로 일반 벚꽃보다 길며 흰

느릅나무

느티나무

색이 섞인 분홍색 겹꽃으로 핀다. 간혹 왕벚꽃으로 잘 못 알고 있는데 엄연히 다르다. 겹벚꽃나무 가지는 마치 덩굴식물처럼 휘어져 뒤엉켜 있는 것이 특징이다.

개나리는 물푸레나뭇과의 낙엽 관목으로 산기슭 양지에서 많이 자라며 한국 특산식물로 전국 각지에 분포한다. 가지 끝이 밑으로 처지며, 잔가지는 처음에는 녹색이지만 점차 회갈색으로 변하고 잎은 마주난다.

성내천 둘레길을 따라 걷는 도중에는 분수대와 물놀이 시설이 갖추어진 세련된 공원도 있다. 성내천 구간에는 여러 개의 다리 밑을 지나게 되는데, 각 다리 밑에는 아트홀과 갤러리 등으로 특색있게 잘 꾸며져 있다. 여기에서 잠시 휴식을 취하면서 이를 감상할 수 있는 여유로운 공간이다.

하천 경사면이나 야산에서 발견되는 식물

박주가리는 여러해살이 덩굴식물로 열매가 작은 표주박(박쪼가리) 같다고 하여 순 우리말로 붙여진 이름이라고 한다. 박주가리는 들판이나 풀밭에 흔한 야생식물로 도심 공원 주변에서도 흔히 볼 수 있다. 7~9월에 별 모양의 꽃이 피고 9~11월에 열매를 맺어 익는다. 강장제, 지혈 등의 약제로도 사용되나 입이나 줄기에서 나오는 흰색 진액은 독성이 있어 나물로 이용 시 어린순을 잘 우려서 사용해야 한다. 박주가리와 겉모습이 비슷한 것 중에는 백하수오, 적하수오, 이엽우피소, 참마, 쥐방울덩굴 등이 있다. 이 식물들은 잎과 줄기 등에서 각각의 특징이 있으므로 이를 참고하여 구별하면 된다. 이엽우피소, 쥐방울덩굴도 유독성 식물이므로 이용 시 주의가 필요하다.

박주가리

자주개자리는 콩과의 여러해살이풀로 주로 가축 사료 작물로 이용된 식물이다. 과거 목축업을 위해 '알팔파'라는 이름으로 우리나라에 도입되었으나, 지금은 야생화되어 우리나라 전역 풀밭에서 발견된다. 자주개자리는 똑바로 서지 않고 비스듬히 방석처럼 퍼져 자라기 때문에 개가 앉아 쉬기 좋은 풀이라는 뜻으로 이름이 지어졌다고 한다. 꽃은 7～8월에

박주가리

자주색으로 피고, 작은 잎 3장씩 어긋나기로 나며 독성이 없어 나물이나 한약재(목숙, 목숙근)로도 이용되고 있다. 섭취 시 오장을 보호하고 콜레스테롤을 낮추는 작용을 하는 식물이라고 알려져 있다.

서양등골나물은 국화과의 여러해살이풀로 미국등골나물이라고도 한다. 높이 30～130㎝로 한국에 자생하는 등골나무류 보다 키가 약간 작은 편이다. 꽃은 8～10월에 새하얗게 피어 아름다우며 열매는 9～11월에 검은색으로 익는다. 북아메리카 원산의 귀화식물로 그늘진 숲속에서도 잘 자랄 정도로 번식력이 좋아 자생식물의 생태계를 위협하고 있어, 2002년에 생태계교란종으로 지정되었다.

마타리는 마타리과에 속하는 여러해살이풀로 꽃은 7～9월에 산야 양지바른 곳에서 노란색을 띤 꽃이 산방꽃차례로 핀다. 늦은 여름부터 가을까지 풀밭이나 도로 옆에서 비교적 흔하게 볼 수 있다. 마타리 줄기 등은 간을 튼튼하게 하고, 충수염 등 장의 염증 치료에 효능이 있다고 하여 약재로도

서양등골나물

이용되고 있으며 어린 순은 봄에 나물로도 이용되고 있다. 뿌리를 캐어 말리면 장이 썩은 냄새가 난다고 하여 '패장'이라는 속명을 가지고 있다.

국화는 국화과의 여러해살이풀로 관상용으로 널리 재배하며, 많은 원예 품종이 있다. 꽃은 노란색·흰색·빨간색·보라색 등 품종에 따라 다양하고 크기나 모양도 품종에 따라 다르다. 꽃의 지름에 따라 18cm 이상인 것을 대륜, 9cm 이상인 것을 중륜, 그 이하인 것을 소륜이라 하며 꽃잎의 형태에 따라 품종을 분류하기도 한다. 국화는 동양에서 재배하는 관상식물 중 가장 역사가 오랜 꽃이며, 사군자의 하나로 귀히 여겨왔다. 중국 원산이라고 하나, 그 조상은 현재 한국에서도 자생하는 감국이라는 설, 산국과 뇌향국화와의 교잡설, 감국과 산구절초와의 교잡설 등 여러 가지가 있다.

인동덩굴은 산과 들의 양지바른 곳에서 자라며 한국·일본·중국에 분포한다. 줄기는 오른쪽으로 길게 뻗어 다른 물체를 감으면서 올라간다. 가지는 붉은 갈색이고 속이 비어 있다. 꽃은 5~6월에 피고 연한 붉은색을 띤 흰색이지만 나중에 노란색으로 변하며, 2개씩 잎겨드랑이에 달리고 향기가 난다. 겨울에도 곳에 따라 잎

인동덩굴

이 떨어지지 않기 때문에 인동이라고 한다. 한방에서는 잎과 줄기를 인동, 꽃봉오리를 금은화라고 하여 종기·매독·임질·치질 등에 사용한다. 민간에서는 해독작용이 강하고 이뇨와 미용 작용이 있다고 하여 차나 술을 만들기도 한다.

자주광대나물은 꿀풀과의 한두해살이풀로 우리나라 각처 길가나 풀밭에서 흔히 자라는 풀이다. 줄기는 네모진 형태로 자줏빛이 돌며 곧게 서나 아래쪽은 약간 덩굴성으로 퍼지고 잎은 마주난다. 4~5월

자주광대나물

에 자색 꽃이 줄기 윗부분 잎겨드랑이에서 삐죽하게 올라와 피고, 7~8월에 난형의 열매를 맺는다. 어린 순은 나물로 이용되고 있으며, 우리나라 토종인 광대나물보다 잘 퍼진다.

자주광대나물

할미꽃은 미나리아재비과에 속하는 여러해살이풀로 건조한 양지에 자란다. 꽃은 4~5월에 여러 개의 꽃대 끝에 종 모양의 적자색 꽃이 하나씩 달려 아래를 향해 핀다. 줄기나 잎, 꽃은 희색 잔털로 덮여 있고, 열매에는 흰 털이 깃털 모양으로 달린다. 독성이 강하나 뿌리는 한약재로 쓰인다. 가는잎할미꽃, 동강할미꽃 등이 유사 식물이다.

할미꽃

할미꽃

매발톱은 미나리아재비과의 여러해살이풀로 아래로 핀 꽃에서 위로 뻗은 긴 꽃 뿔이 매의 발톱을 닮았다 해서 붙여진 이름이다. 한국, 중국, 시베리아 동부에 분포하며 산골짜기 양지쪽에서 자란다. 꽃은 5~7월에 갈색, 노란색, 자주색으로 가지 끝에서 아래를 향하여 달린다.

성내천 길을 따라가다가 성내 4교에 다다르자마자 오른쪽으로 나오면 수도권 제 1순환 고속도로 옆으로 길이 이어지고, 이 길을 따라 10분 정도 걸어가면 장지근린공원 입구에 도착한다. 공원 입구에서부터는 메타세쿼이아 나무 오솔길에 이어서 은행나무, 스트로브 잣나무가 도열하고 있는 숲길로 들어가 장수근린공원까지 길게 이어지는 길이다. 이 길은

조용하고 한적해서 나무 사이를 걸으면서 숲의 향기를 한껏 만끽할 수 있는 곳이다. 그리고 산사나무, 층층나무, 산딸나무, 모과나무, 이팝나무, 좀작살나무, 화백나무, 노린재나무, 남천, 청단풍나무 등 다양한 종류의 나무를 가까이에서 볼 수 있다. 또한, 정원수와 야생화도 다양하여 녹음을 만끽할 수 있는 매력적인 길이다. 늦여름이나 가을에는 화단에 군락으로 피어 있는 벌개미취꽃이 꽃말대로 청초한 모습이 무척 아름답게 보인다. 특히 이곳은 가족과 함께하는 가을 산책길로 추천할 만한 길이다. 이 숲속은 비교적 아늑하고

장사바위

깨끗하게 잘 가꾸어져 있어 아이들이 뛰어놀 수 있는 유아숲체험원도 있고, 다양한 테마 놀이 공간으로도 이용되고 있다. 그리고 이곳은 조선 중기의 명장 임경업 장군과 관련 있는 장사바위가 있는 곳이다. 병자호란 때 임경업 장군이 그 휘하의 군사를 이끌던 중, 커다란 바위 위에 앉아 휴식을 취

하고 바위 아래에서 샘솟은 물을 마
셨다는 이야기가 전해오는 곳이다.

　장수근린공원을 나와서 이어지는
아파트단지 사잇길을 지나면 탄천
의 지류인 장지천에 다다른다. 장지
천 길도 걷기에 참 좋은 곳이다. 이
곳을 지날 때는 하천길 옆 경사면에 무성하게 자라고 있는 식물들을 감상하면서 걷는 것
이 좋겠다. 장지천과 탄천에서는 걷는 사람이 많으나 대부분이 주변의 아름다운 환경에는
눈길을 주지 않고 오로지 앞만 보고 빨리 걷거나 뛰기만 하는 것 같아 조금 아쉽다는 생각
이 든다. 여름에는 하천가 넓은 경사지에 하얗게 핀 개망초꽃이 장관을 이루며, 초가을까
지는 군락을 이루고 있는 금계국, 달맞이꽃, 마타리꽃과 흰색과 분홍색의 부들레야꽃이
형형색색으로 아름다움을 뽐내고 있다. 간간이 보이는 쑥부쟁이꽃도 주변 야생식물과 조
화를 이루고 있어 하천 변 경사면이 잘 꾸며진 화단같이 보인다.

　장지천 둘레길이 끝나면 바로 한강 지류인 탄천 둘레길로 이어진다. 탄천은 성남시의
옛 지명인 탄리(炭里)에서 비롯되었다. 탄리는 지금의 성남시 태평동ㆍ수진동ㆍ신흥동 등
에 해당하는 곳으로 과거에는 독정이ㆍ숯골 등의 마을이 있었다. 조선 경종 때 남이(南怡)
장군의 6대손인 탄수(炭叟) 남영(南永)이 이곳에 살았는데, 그의 호 탄수에서 탄골 또는
숯골이라는 지명이 유래되었다고 한다. 탄천은 탄골을 흐르는 하천이라는 뜻이다. 탄천
둘레길로 들어오면, 시야가 확 트이도록 하천 폭이 넓어 시원한 느낌을 받는다. 걷는 길을
따라 양버들, 삼색버들, 이팝나무, 참느릅나무, 붉은국수나무가 둘레길 가로수로 식재되
어 있다. 하천 건너편에는 3코스의 여느 하천과 마찬가지로 우람하게 자란 버드나무가 많
아 멀리서도 울창한 자태를 볼 수 있다. 탄천 광평교 부근까지 도착하여 차량이 다니지 않
는 작고 낮은 다리를 건너면 하천 출구에 서울둘레길 3코스 마지막 둘레길 스탬프 우체통
이 있다. 여기에서부터 도로 옆 인도를 따라 몇백 미터를 걸어서 수서역에 도착하면 3코
스 둘레길 걷기가 끝나고 수서역에서부터는 서울둘레길 4코스가 이어진다.

(강인배 숲해설가)

탄소 중립을 실천하는 둘레길 걷기 효과

강인배 숲해설가

세계기상기구(WMO)의 2019년 글로벌 기후 현황 보고서에 의하면 산업혁명 이후 지난 100년간 지구의 온도가 약 1℃ 상승하였다고 한다. 지구 온도 상승으로 인하여 오늘날 지구에는 가뭄, 폭염, 한파, 태풍, 홍수 등 극단적인 기상 현상과 자연재해가 빈번하게 일어나고 있다. 그리고 이로 인하여 지구의 자연생태계가 무너지고 사막화, 식물의 다양성 붕괴, 해수면 상승, 식량 기근 등의 위기가 인류에게 점점 다가오고 있다. 지구 온도를 높여 기후 위기를 가져오는 주요 원인은 이산화탄소(CO_2)과다 배출로 인한 온실가스 증가에 있다. 즉, 인류의 무분별한 화석에너지 사용으로 생기는 이산화탄소(탄소)가 기후 위기의 주범이라고 할 수 있다. 앞으로도 인류가 지금처럼 계속하여 탄소를 많이 배출한다면 온실가스 증가로 지구 온도가 더 상승하여 해양생태계가 무너지고 식량이 줄어들어 인류의 생존 기반마저 흔들릴 수 있다. 탄소 과다 배출을 더 막지 못한다면 회복 불가능한 기후 위기가 우리에게 닥칠 것이고 미래 인류에게 큰 재앙을 안겨줄 것이다.

국제사회에서는 이미 기후 위기의 심각성을 예측하고 유엔기후변화협약을 체결하였고 선진국의 강력한 탄소 감축 의무를 부여하는 한편, 산업화 이전의 온도에 1.5℃까지 상승 억제 목표를 정하는 등 온실가스 감축을 위한 노력을 하고 있다. 기후 변화에 관한 정부간 협의체(IPCC)에서는 2050년도까지 탄소 중립(탄소 배출과 흡수량이 같아 순 배출량이 0이 되는 것)을 달성하기 위하여 2030년까지 이산화탄소 배출감소를 권고하고 있다.

국제사회나 국가의 온실가스 감축을 위한 각종 노력에 더하여 이제는 개인도 일상생활에서 발생하고 있는 온실가스에 대하여 적극적으로 관심을 두고 대처해야 할 때가 왔다. 온실가스의 주범인 탄소를 감축하는 방법은 여러 가지가 있다. 우리가 당장 시작해야 할 것은 탄소 과다 배출로 생기는 위험성을 인식하는 것과 탄소 배출량을 줄이기 위한 생활 습관을 바꾸는 것이다. 그리고 이미 발생한 탄소를 줄이기 위해서 우리가 무엇을 어떻게 해야 하는지도 알고 있어야 한나.

온실가스 증가에 크게 영향을 주는 것은 화석연료 사용이다. 조금 더 편리하고 안락한 생활방식을 취하는 과정에서 과다한 에너지 사용과 무분별하게 자원을 낭비한 결과이기도 하다. 지구 온도가 상승하면서 매년 여름철에는 냉방기 없이는 견디기 어렵다. 그래서 당장 시원하고 편한 방법을 찾기 마련인데, 실내 온도를 지나치게 낮게 하거나 심지어 문을 열고 냉방기를 가동하는 무지를 보이기도 한다. 현대인은 가까운 거리도 자동차를 이용하는 등 편리함에 안주하고 있는 것도 현실이다. 이렇게 편하고 안락한 삶을 취하는 순간에도 이산화탄소 배출로 지구 온난화에 영향을 미친다는 생각을 미처 못한다. 지금의 기후 위기는 인간이 만들어 놓은 현대문물의 폐해이다. 그러나 이제는 더 늦지 않게 기후 위기의 심각성을 인식하고 탄소를 줄이기 위한 개인의 생활 습관부터 바꿔나가야 한다. 가장 먼저 가까운 거리는 차를 이용하지 않고 걷는 습관부터 시작하는 것이다. 걷는 것을 잊어버린 도시인들에게 개인의 건강관리를 위함은 물론 탄소 중립 실천이라는 사회적 가치를 실현하는 차원에서 걷기를 권하고 싶다.

또한 탄소를 줄이는 것에 더하여 이미 배출된 탄소를 흡수하여 온실가스를 줄이는 방법에도 관심을 가져야 한다. 산림, 갯벌, 습지 등과 같은 자연환경과 자연생태계가 탄소를 흡수하여 온실가스를 줄이는 역할을 하고 있어 이의 중요성을 깨닫고 자연환경을 잘 보존하겠다는 생각을 가져야 한다. 우리가 걷는 습관을 만들고 자연환경의 중요성을 알기 위해서는 그늘이 있고 맑은 공기가 쏟아져 나오는 숲길을 찾을 필요가 있다. 그곳이 바로 우리에게 가깝게 있는 도심 속 숲길인 둘레길이다. 숲속 둘레길에서 꽃과 나무, 곤충과 새를 보고 물소리를 들으면서 우리에게 자연이 얼마나 소중한지에 대해 다시 인식할 것이다. 숲의 역할과 중요성을 스스로 알게 되고 자연생태계 보존의 필요성을 발견하는 기회도 될 것이다. 말로만 탄소 중립을 실천하라고 하는 것보다 그 효과가 훨씬 클 것으로 본다. 이런 환경에서 걷기를 반복하다 보면 어느 순간 걷기가 습관화되어 차를 타는 것 보다 걷는 것이 건강에 이로우며 즐겁다고 느껴질 때가 올 것이다. 그러므로 탄소 중립 실천을 위한 생활 습관 변화의 도전을 서울둘레길 걷기에서부터 시작해보자.

iv. 제4코스 (대모산 · 우면산)

• **시 · 종점** : 수서역–대모산–불국사–구룡산–양재시민의숲–우면산–사당역
• **거리** : 약 18.3km
• **소요시간** : 약 8시간 10분
• **난이도** : ★★★ 중급
• **매력 포인트** : #맨발의 둘레길 #양재시민의숲 #산림욕
• **절약한 탄소량** : 4.3kg
• **스템프 우체통 위치** : 대모산 초입, 양재시민의숲 안내소 부근, 우면산 끝부분
• **교통수단** : 수서역, 양재시민의숲역, 사당역
• **탐방** : 김민정 숲해설가

대모산을 시작으로

대모산 초입 계단

서울둘레길 4코스는 수서역(3호선/수인·분당선) 6번 출구를 이용하면 쉽게 접근할 수 있다. 대모산을 시작으로 구룡산, 여의천, 양재시민의숲, 우면산을 아우르는 18.3km 거리의 비교적 긴 호흡을 가진 구간이다. 하루 만에 완주하기보다는 양재시민의숲을 기점으로 코스를 나눠 걷는 것이 좋다. 완만한 세 개의 산을 따라 걷는 숲길이 가장 큰 매력이므로 녹음 짙은 여름이나 초가을에 방문하는 것을 추천한다.

대모산 초입에서 스탬프를 찍고 둘레길로 들어서면 곧바로 사철 푸른 맥문동을 따라 놓인 급경사 계단을 마주하게 된다. 하지만 너무 걱정할 필요는 없다. 완만한 산에서의 오르막은 내리막과 평탄한 길을 더욱 달콤하게 만들어 주기 때문이다. 자동차 소리보다 숨소

맥문동

맥문동

리가 더 크게 들릴 때 즈음 잠시 멈추어 주위를 둘러본다. 사방을 둘러싼 키 큰 나무들과 숲의 향기, 새소리는 역에서 내렸을 때와는 전혀 다른 생경함을 선사한다. 이제부터는 나무의 아래로 자연을 음유하며 걸으면 된다. 둘레길은 가장 빠르게 도심에서 벗어나 자연의 품으로 들어가는 마법의 문과 같다.

자연에 닿는 맨발의 둘레길

다른 코스에 비해 유독 눈에 많이 들어오는 장면이 있다. 바로 '맨발'이다. 계절에 상관없이 많은 사람이 신발을 벗고 산행을 즐기고 있었다. 여유롭고 온전한 그들의 발걸음은 꽤 오랜 시간 맨발로 걸었음을 짐작하게 한다. 한여름 숲속의 땅은 생각보다 시원하다. 어떻게 하면 안 아프게 발을 내딛을까 모든 걸음이 신중하다. 평소보다 발걸음에 더 집중하다 보니 땅에 떨어진 낙엽, 나뭇가지, 개미, 자갈, 일렁이는 나뭇잎 그림자가 눈에 들어온다. 그렇게 천천히 걷다 보면 '정말로 내가 숲속에 존재하고 있구나.' 새삼 깨닫게 된다. 낯설지만 다양한 감각의 경험을 얻을 수 있다. 고른 땅을 찾아 신발을 벗어보면 어떨까. 혹시나 날 것의 도전이 조금 두렵다면 손으로 땅을 짚어보거나 맨발로 가만히 서 있어 보는 것도 좋겠다.

기억하기, 사랑하기

대모산에는 개암나무, 개옻나무, 고욤나무, 국수나무, 노린재나무, 누리장나무, 느릅나무, 때죽나무, 물오리나무, 밤나무, 붉나무, 산딸기, 산초나무, 생강나무, 아까시나무, 은사시나무, 참나무류, 팥배나무 등 다양한 나무들이 뿌리를 내리며 살고 있다.

사실 숲길을 걸으며 이렇게 다양한 나무들을 한눈에 알아보기는 정말 쉽지 않다. 평지가 아니기 때문에 안전을 위해 걸음에 더 집중해야 하고 나무들은 이미 키가 크기 때문에 그 기둥만을 보고 지나치는 경우가 많다. 그래서 처음에는 각각의 나무들을 분별하기보다

는 '숲'이라는 하나의 장소로 받아들이곤 한다.

그렇게 둘레길을 여러 번 경험하고 적응하다 보면 내가 다니는 길에 사는 존재들이 궁금해질 때가 있다. 발에 치이는 열매는 어떤 나무에서 떨어진 것인지, 저 나무는 왜 겨울인데도 푸른 것인지, 봄마다 나를 반기는 분홍색 꽃의 이름은 무엇인지 말이다. 더 이상 지나치고만 싶지 않고 알아가고 싶은 순간이 온다면, 숲속 존재들의 다양한 얼굴들을 기억하고 이름 부르며 그들을 사랑해 보는 것은 어떨까.

상대와의 관계가 짙어지면 그의 뒷모습, 향취, 목소리, 걸음걸이, 글씨체마저도 눈에 익게 된다. 나무도 마찬가지다. 봄에는 꽃의 색과 향기로, 여름에는 잎으로, 가을에는 단풍과 열매로, 모든 게 떨어진 겨울에는 나무껍질(수피)로 기억할 수 있다. 애정 어린 관심과 살핌이 닿는 순간 비슷하게만 보였던 나무들은 각자의 개성을 가진 존재로 다가온다.

나무 이름은 살아가는 생태적 특성, 나무껍질, 꽃, 열매 등 다양한 특징을 바탕으로 붙여진다. 어떤 나무는 이름을 직관적으로 잘 지어서 절대 까먹지 않는가 하면 도대체 왜 이런 이름을 가진 것인지 의문이 들어 외우기 어려운 나무도 있다. 4코스를 사는 나무들을 짚어보며 걸어본다.

노린재나무와 물푸레나무

노린재나무 하면 대부분 곤충 노린재를 떠올리는데 사실 그와는 관련이 없다. 가을에 낙엽을 태우면 노란 재가 남는다고 하여 붙여진 이름이다. 북한에서는 여전히 〈노란재나무〉라고 불린다. 둘레길에서 만날 수 있는 노린재나무는 봄에는 작고 하얀 꽃을 피우고 가을에는 아주 맑고 파란 열매를 맺는다.

물푸레나무는 어린 가지의 껍질을 벗겨 물에 담그면 물이 푸르게 변한다고 하여 붙여진 이름으로 수청목(水靑木)이라고도 불린다. 봄에 길고 얇은 꽃잎을 가진 꽃이 흐드러지게 피고 열매 또한 길쭉한 모양이다. 오늘날의 우리는 노린재 나뭇잎을 불에 태울 일도, 물푸레나무 가지를 물에 넣을 일도 거의 없다. 혹시나 이름이 잘 외워지지 않는다면 기억하기 쉬는 나만의 별칭을 만들어 주는 방법도 있다.

노린재나무

노린재나무

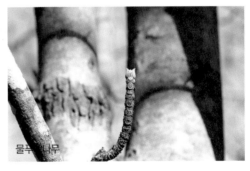
물푸레나무

생강나무와 산수유

산속의 봄은 평지보다 더디다. 아직은 삭막한 3월에 가장 앞장서서 노란 꽃을 피우며 인사하는 나무를 기억한다면 그것은 바로 생강나무일 것이다. 생강나무는 꺾인 가지에서 생강 향이 난다고 해서 붙여

생강나무

산수유

진 이름이다. 키가 작은 나무라서 꽃이 지고 난 뒤에도 자주 시선에 닿아 사계절 내내 잎과 열매를 모두 잘 확인할 수 있다. 암나무와 수나무가 따로 있는데 9월에 열매 맺은 암나무가 훨씬 드물다. 그래서 어쩌다 만나면 더욱 반갑다. 참고로 김유정의 소설 『동백꽃』의 동백꽃은 생강나무의 꽃을 부르는 강원도 방언이다. 만약 작가가 강원도가 아닌 다른 곳에서 태어났다면 소설의 이름이 지금과 달랐을지 궁금하다.

생강나무와 유독 봄에만 헷갈리는 나무가 있는데 바로 산수유다. 이 또한 3월에 노란 꽃을 피워 봄을 알린다. 그 생김새가 생강나무 꽃과 비슷하여 분별하기 어려운데 이때는 나무를 어디에서 봤는지가 중요하다. 이름만 들어서는 산수유가 산에 살 것 같지만 인가나 공원 등에서 볼 수 있다. 꽃이 지고 난 자리에 타원형 모양의 열매가 달리고 빨갛게 익는다. 사실 꽃을 제외하고는 나무껍질, 잎, 열매 모두 전혀 다른 생김새를 하고 있어서 다른 계절에는 헷갈릴 걱정이 없다.

오염된 오아시스

길 따라 자라는 생강나무의 이름을 불러주며 걷다 보면 다양한 약수터가 등장한다. 산행에서 만나는 약수터는 오아시스와도 같은데 올해는 대부분이 음용이 부적합했다. 빈 물통을 깨끗한 약수로 채우는 재미가 쏠쏠했는데 이제는 혹시 모르니 출

약수터

발할 때 물을 넉넉히 준비해야 한다. 작
년에는 마실 수 있는 약수터가 있었기에
수질이 회복되어 시원한 약수를 얻어 갈
수 있기를 기대한다. 서로 다른 분홍빛
꽃이 핀 개여뀌, 파리풀, 물봉선에게 눈
인사하며 다시 길을 나선다.

생강나무 열매

서울의 불국사(佛國寺)와 보리자나무

4코스는 숲길이 대세를 이루지만 중간에 절, 하천, 도시숲을 지나는 구간이 있어 지루하지 않게 즐길 수 있다. 경주 토함산에 통일신라시대에 지어진 불국사가 있다면 서울 대모산에는 고려시대 공민왕 2년에 진정국사에 의해 창건된 또 다른 불국사(佛國寺)가 있다. 구간을 바로 통과할 수도 있지만 만약 여름에 방문한다면 불국사 안에 자리한 보리자나무에 핀 연 노란 꽃의 장관을 눈에 담고 가길 바란다.

석가모니가 깨달음을 얻은 인도 보리수나무는 열대성 식물이다. 겨울이 있는 우리나라

보리자나무

에서는 생존할 수 없어 중국에서 피나무 과의 나무를 받아들인 것이 현재의 보리자나무이다. 비슷하게 생긴 찰피나무, 염주나무와 함께 사찰에서 인도보리수를 대신하여 종교적인 의미로 식재되고 있다. 나무 열매는 염주로 만든다. 석가모니의 사리를 모시는 불탑도 강이 발달한 중국에서는 전탑(塼塔)으로, 화강암이 많은 우리나라의 경우 석탑(石塔)으로, 질 좋은 목재가 많은 일본의 경우 목탑(木塔)으로 발전했다. 이처럼 종교나 문화가 각 나라의 처지에 맞게 수용되는 모습이 흥미롭다.

보리자나무에서 가장 눈에 띄는 것은 길게 뻗은 '포'이다. 피나무 속(Tilia) 식물들은 공통적으로 이 포를 가지고 있다. 포의 기능은 화분을 매개하는 곤충을 유인하는 역할로 어두운 색깔의 잎과 대비되어 밝은 색을 띠고 있어 밤에 활동하는 곤충들을 유인한다. 여름에 꽃이 연한 노란색으로 만개한 보리자나무 아래 서 있으면 벌들의 날갯짓 소리가 무척 잘 들린다. 수분이 잘되면 꽃이 있던 자리는 모두 열매가 될 것이다. 주렁주렁 열매가 달리는 풍요로운 가을을 상상해 본다.

대모산 유아 숲 체험장

둘레길을 중간에 유아 숲 체험장을 가로지른다. 어린이들은 성인과는 전혀 다른 시선을 가지고 있다. 성인이 나무 전체를 볼 때 어린이들은 나무 기둥을 올라가는 개미를 발견하고 우리가 나뭇잎의 푸름을 감상할 때 나뭇잎 사이에서 반짝이는 거미줄을 찾아낸다. 허리를 굽혀 어린이의 눈높이에서 바라보는 숲은 또 새롭다.

대모산을 지나 구룡산으로

옛날에 임신한 여인이 용 10마리가 승천하는 것을 보고 소스라치는 바람에 그중 한 마리가 떨어져 죽고 나머지 아홉 마리만 승천했다는 전설이 구룡산의 유래이다. 구룡산은 대모산과 비슷한 풍경이 이어지고 거리 또한 길어서 홀로 걷기보다는 마음 맞는 동행자와 함께하는 것이 좋다. 소소한 대화를 주고받으며 걷다가 산속에 마련된 쉼터에서 서로 가져온 간식을 나눠 먹는 재미가 있다.

같은 코스를 몇 번 정도 방문해야 그 길이 익숙해질까? 일단 최소한 사계절의 변화는 겪어봐야 할 것이다. 봄에는 땅에서 올라오는 경쾌한 생명의 기운을 즐기고, 여름에는 녹음(綠陰)으로 목욕하고, 가을에는 단풍과 풍요로운 열매로 마음을 채우고, 겨울에는 모든 것을 덜어낸 나목 사이의 새를 구경한다.

하나의 코스를 걷더라도 계절, 날씨, 동행자, 기분에 따라 각각 다른 매력을 느낄 수 있다. 서울 둘레길은 이런 코스가 8개나 준비되어 있으니 언제든 길을 나서기만 하면 된다.

물박달나무

겨울이 다른 계절에 비해 황량하고 볼거리가 없다고 생각할 수 있지만 또 다른 즐거움이 있다. 푸른 나뭇잎은 없지만 그래서 새를 관찰하기 좋다. 나무껍질도 매력적이다. 자세히 관찰해보면 각각의 나무는 전혀 다른 얼굴을 가지고 있다. 색감, 촉감, 단단한 정도가 모두 다르다. 그중 가장 신기한 나무껍질을 갖고 있어 눈길을 사로잡는 나무가 있는데 바로 물박달나무이다. 껍질이 얇은 종잇장처럼 생겼는데 반쯤 벗겨져 있다. 비에 젖거나 물에 흠뻑 젖어도 잘 탄다. 그래서 예전에는 비가 와서 나무들이 젖어 있을 때 물박달나무 껍질을 이용하여 불을 피웠다고 한다. 물박달나무는 대모산과 구룡산에서 자생하고 있으며, 구룡산 물박달나무림은 서울에서 보기 드물게 군락을 형성하고 있다.

육교에 자란 나무

구룡산이 끝나면 도심길이 시작된다. 육교에 올라서서 차들이 바쁘게 이동하는 도로를 보고 있으면 둘레길과는 전혀 다른 시간이 흐르는 듯하다. 평소에는 키가 커서 닿을 수 없던 양버즘나무와 어깨를 나란히 할 수 있다. 버짐 같은 나무껍질 때문에 붙여진 이름이 안쓰럽기도 하지만 그 덕에 너를 기억할 수 있었다고 위로를 건넨다. 육교 바닥 아주 좁은 틈 사이로 어린 양버즘나무가 자라고 있다. 아마도 시간이 지나면 양분이 없어 자연적으로 소멸하거나 육교의 안전을 위해 제거될 것이다.

육교 위 양버즘나무

도시에는 나무에서 날려 발아한 씨앗이 튼튼하고 안전하게 뿌리내릴만한 땅이 거의 없다. 아스팔트, 벽돌, 지붕 사이에서 한 줌도 안 되는 흙을 붙들고 살아가는 식물들을 보면 대견하기도 하고 속상하기도하다. 양버즘나무의 씨앗은 민들레 씨앗처럼 깃털을 가지고 있다. 부디 올해에는 더 멀리멀리 날아가 안정적으로 뿌리를 내리고 성장하여 천수를 누리길 바라며 길을 나선다.

여의천

얼마 지나지 않아 여의천을 만나게 된다. 봄에는 누군가 살펴주지 않아도 씩씩하게 자라는 들꽃들과 더불어 개나리, 황매화, 벚나무와 함께 꽃놀이를 즐길 수 있다. 혹시 한여름에 방문한다면 모자를 필수로 준비하는 것이 좋다. 숲에서 나무가 가려주던 뜨거운 태양이 발걸음을 무겁게 한다. 다행히도 벽을 타고 늘어진 주황색 능소화와 버드나무의 잔

잔한 흔들림, 여의천의 물소리는 무더위를 견뎌낼 상쾌함을 선물한다.

조팝나무

하얀 구름 같은 조팝나무꽃도 눈을 즐겁게 한다. 조팝나무는 익어서 벌어진 열매의 모양이 좁쌀로 지은 조밥처럼 생겼다 하여 붙여진 이름이다. 그 종류가 20여 종으로 다양한데 가장 흔한 것이 조팝나무이다. 공원이나 천변에 심은 것을 쉽게 발견할 수 있다. 흰색의 작은 꽃이 가지 전체를 덮으며 핀다. 혹시나 봄에 조팝나무 꽃을 놓쳤다면 여름에 숲길에 핀 꼬리조팝나무로 마음을 달랠 수 있다. 분홍색 꽃이 잔뜩 핀 모습이 동물의 꼬리 모양 같다. 조팝나무와 꼬리조팝나무의 꽃은 크게 닮은 구석이 없는데 꽃이 지고 맺는 열매가 조밥 모양으로 비슷하다.

조팝나무

꼬리조팝나무

양재 시민의 숲

　우리나라 최초로 '숲' 개념을 도입한 공원인 '양재시민의숲'은 경부고속도로와 강남대로 사이에 피자 조각 모양의 형태로 자리 잡고 있다. 88올림픽 개최 이전에 양재 톨게이트 주변 환경 조성을 목적으로 1986년 완공되었다. 이곳이 공원이 아닌 숲처럼 느끼지는 가장 큰 이유는 한 곳에서 오랜 세월을 보내며 울창하게 쭉쭉 뻗은 나무들 덕분일 것이다. 보통 메타세쿼이아는 가로수로 접하는 경우가 많은데 이곳에서는 메타세쿼이아 숲을 만날 수 있다. 그뿐만 아니라 양버즘나무, 낙우송, 잣나무, 은행나무, 가래나무, 물푸레나무, 오동나무, 감, 모과 등 키 큰 나무들과 과실수(果實樹)들을 함께 즐길 수 있어 더욱 다채롭다. 숲길 코스와는 다르게 평지에 머무르며 나무를 섬세하게 구경할 수 있다.

　참고로 시민의 숲 안에 서울 둘레길 안내 센터가 있어 안내 지도와 스탬프 북을 획득할 수 있다.

안녕, 칠(7)엽수!

단 하나의 나무를 기억하고자 한다면 칠엽수만큼 쉬운 것도 없다. 5-7장의 잎이 잎자루 끝에 손바닥 모양으로 붙어있다. 칠엽수답게 잎을 세어보면 일곱 장의 잎이 주를 이룬다. 공해(公害)에 강하여 가로수로 많이 식재되고 있다. 가을에는 나무 아래로 열매가 떨어지는데 세 개로 갈라지는 껍질을 까보면 밤같이 생긴 열매가 들어있다. 진짜 밤은 아니기 때문에 먹으면 오한, 발열, 복통을 호소할 수 있다고 하니 손으로만 가지고 놀아야 한다. 매끈하니 만지면 기분이 좋다.

칠엽수

열매를 둘러싼 껍질에 가시가 있다면 '가시 칠엽수'이다. 프랑스에서는 마로니에(marronnier)라고 불리는데 밤같이 생긴 열매에서 비롯되었다. 두 나무의 잎이나 꽃이 매우 비슷하여 열매가 열리기 전까지는 정확하게 구분하기 어렵다. 열매 맺는 가을이 오기를 기다려보는 것도 재밌을 것 같다.

매헌윤봉길의사기념관

서울시 서초구 양재동 시민의 숲에 있는 매헌(梅軒) 윤봉길(1908~1932)의 유물과 독립운동 관련 자료를 전시해 놓은 박물관이다. 윤봉길 의사의 업적과 뜻을 기리기 위해 매헌 윤봉길 의사 기념사업회

가 주관하여 국민의 성금으로 서울 양재시민의숲 안에 매헌 윤봉길 의사 기념관을 설립하게 되었다. 현재 윤 의사의 유품과 생애 사진, 훈장 그리고 항일 독립운동 관련 사진 등이 전시되고 있다.

둘레길의 묘미

4코스를 완주할 예정이라면 조금은 부지런히 움직여야 한다. 앞으로 7.6km 가 더 남았기 때문이다. 양재천이 흐르는 매헌 다리를 건너 이동한다. 마을 구간을 걷다 보면 친구와 깔깔 웃으며 등하교하는 학생들, 장을 보고 집에 가는 동네 주민들을 마주친다. 일상을 살아가는 그들의 모습은 낯선 동네를 편안하게 걸을 수 있는 힘을 주기도 한다. 같은 길을 서로 다른 복장과 마음으로 걷는다.

다시 숲길, 우면산

우면지구 근린공원에서 오른쪽 오르막길로 들어서면 다시 숲길이 시작된다. 소가 누워 잠자는 형상의 우면산은 대모·구룡산 구간보다는 거리가 짧다. 하지만 4-1코스에 이어서 걷게 된다

면 결코 만만한 여정은 아니다. 이전 숲길과 조금 다른 특징은 도심을 조망할 수 있는 트인 장소가 있고 사방사업으로 만들어진 짧은 다리를 건너는 구간이 많다는 것이다.

우면산에도 가죽나무, 고욤나무, 노린재나무, 누리장나무, 물오리나무, 붉나무, 생강나무, 쉬땅나무, 아까시나무, 자귀나무, 잣나무, 좀작살나무, 쪽동백나무, 참나무류, 팥배나무와 더불어 다양한 동식물들이 살고 있다.

아기자기 고욤나무

길을 걷다가 물을 마시려고 멈춘 곳에서 우연히 고욤나무를 만났다. 처음 보면 아직 덜 큰 감인가 싶다. 하지만 4cm 정도의 아기자기한 열매는 이미 다 큰 것이다. 감나무는 씨를 파종하여 묘목을 만들어 키우면 열매가 퇴화하여 잘 자라지 않는다고 한다. 그래서 옛날부터 고욤나무

고욤나무

감나무

를 대목(臺木 : 접을 붙이는 나무)으로 활용하였다.

날카로운 칼로 벗긴 고욤나무 대목에 눈이 달린 감나무의 가지를 붙이고 끈으로 감아 두면 이 둘의 수액(水液)이 합쳐져 접이 붙는다. 이듬해에는 접을 붙인 표시가 잘 나지 않는데 이처럼 '감접을 붙인 것처럼 흔적이 없는 상태'를 '감접 같다'라고 표현한다. '감쪽같다'라는 말이 여기서 유래된 것이다. 우리가 가을에 맛있게 즐기는 생감, 홍시, 곶감에는 작고 힘찬 고욤의 도움이 담겨 있다.

대성사(大聖寺)

우면산 대성사에서는 서울 풍경을 한눈에 조망할 수 있다. 백제 제15대 침류왕 때 백제에 불교를 전해준 마라난타 대사가 설법을 하기 위해 백제에 오는 동안 음식과 기후가 맞지 않아 수토병에 걸렸다고 한다. 다행히 우면산의 건강한 생수로 병을 고쳤고 이후 백제 불교의 성지가 되었다고 전해진다.

대성사 돌탑

마라난타 대사를 살린 우면산 약수 맛을 기대하며 성산약수터로 향하였으나 음용이 부적합했다. 슬프게도 올해 4코스의 대부분의 약수터 물은 마실 수 없다. 마셔보지도 못한 백제시대의 약수가 그리워진다.

청설모가 소개하는 잣나무 숲

초가을의 우면산은 이따금 들려오는 때늦은 매미의 울음소리와 바닥에 널브러진 잣나무 열매가 조화를 이룬다. 계절이 지나도록 짝을 찾지 못했는지 그 울음이 안쓰럽기도 하지만 여름과 못내 아쉬운 작별을 했던 터라 늦게 받은 선물처럼 반갑고 귀하다.

잣나무는 20~30m 높이로 자라는 키 큰 나무이다. 열매가 나무 꼭대기에 매달려 있어 그것을 채취하는 일이 극한 직업으로 소개된 것을 본 기억이 있다. 보통은 바닥에서 썩거나 검게 변한 잣의 잔해를 볼 수 있는데 가을에는 신선한 잣을 자세히 관찰할 수 있다. 누구의 작품인지는 숨을 죽이고 기다리다 보면 금방 알 수 있다. 청설모가 몸통만 한 큰 잣을 두 손으로 잡고 야무지게 먹고 있다. 인기척을 느꼈는지 무거운 잣을 들고 나무에 오르는데 움직임을 따라 시선을 옮기면 늠름한 잣나무들이 잘 왔노라고 고개를 숙여 인사한다.

들어오지 마시오.

사람이 발 딛는 길에는 풀이 자라지 않는다. 숲이 우리에게 내어준 공간은 딱 그 정도이다. 자연과의 적정한 거리를 두고 존재하지 않았던 것처럼 조용히 즐기고 다시 초대받을 수 있기를 기대한다.

소나기를 피하는 방법

둘레길을 걷던 중에 갑자기 지나가는 소나기를 만났다. 소나무(침엽수)와 참나무(활엽수) 중 어떤 나무 아래서 비를 피하는 것이 좋을까? 넓은 참나무 잎이 비를 피하기 좋다고 생각해서 그 밑에 서면 물 덩어리를 맞기 십상이다. 소나무 아래는 어떨까? 바늘처럼 얇은 솔잎은 그 전체를 합치면 양이 활엽수보다 많다. 빗방울들이 표면장력으로 얇은 잎을 잘 붙잡고 있어서 머리로 떨어지는 비가 덜하다. 우연히 소나기를 만난다면 실험을 통해 산행에 소소한 재미를 더해보는 것도 좋겠다.

청미래덩굴

노박덩굴

나도 나무랍니다. 덩굴식물

녹음이 짙을 때는 크게 눈에 안 띄다가 가을과 겨울 즈음 진가를 발휘하는 식물이 있다. 바로 청미래덩굴과 노박덩굴이다. 청미래덩굴의 잎은 망개떡을 싸는 데 활용하고 가을에 열리는 열매는 빨갛게 익어 겨울 산새들의 귀한 양식이 된다.

나무와 풀은 무엇이 다를까? 다양한 차이가 있지만 가장 쉽게는 추운 겨울에도 땅 위(지상부)의 가지나 줄기가 살아있으면 나무이다. 덩굴식물이 비록 곧게 뻗은 기둥을 갖고 있지는 않지만 엄연한 나무다. 이듬해 만났던 곳으로 다시 찾아간다면 추운 겨울을 이겨내고 나이를 한 살 더 먹은 덩굴이 새싹을 내어주며 반갑게 인사해 줄 것이다.

겨울눈 이야기

우리는 어떻게 겨울에 나무가 살아있는지 알 수 있을까? 소나무나 잣나무와 같이 늘 푸른 상록수는 잎으로 '생'을 느낄 수 있지만 낙엽이 진 나무들은 마치 생명이 다한 것처럼 보이기도 한다.

이른 봄부터 아름다운 꽃을 피우는 나무들의 다른 계절은 어떨까? 꽃보다 화려하지는 않지만 쉼 없이 푸른 잎을 내고 열매를 맺는다. 그리고 가지에 이듬해 피어날 꽃과 잎을 응축하는데 이것이 바로 '겨울눈'이다. 올해 우리가 본 꽃은 추운

겨울눈

겨울을 이겨낸 작년의 결실이다. 이러한 과정을 가까이 들여다보면 앙상한 가지 끝에 달린 겨울눈에서 무엇보다도 큰 생生을 느낄 수 있다. 내년에 피울 꽃을 위해 부단히 노력하고 있는 여름, 가을, 겨울을 사는 나무들에게 응원과 감사의 마음을 보낸다.

사방시설 생태계

2011년에 우면산에서 발생한 대규모 산사태로 가슴 아픈 인명 피해와 자연 훼손이 있었다. 현재는 곳곳에 사방시설과 그것을 건널 수 있는 다리로 만들어 두었다. 온전하지는 않지만 십 년이 넘게 흐른 이곳에는 새로운 생태계가 만들어지고 있다. 우거진 숲길과는 다르게 하늘이 열려있어 멀리 보이는 도심지를 조망할 수 있다. 사방시설 주변에는 애기나팔꽃, 애기똥풀, 왜모시풀, 짚신나물, 선괴불주머니, 배풍등 등 다양한 식물들을 만날 수 있다.

아기 오동나무의 배웅

완만하게 반복되는 오르막과 내리막,
여러 개의 다리를 건너면 어느새 마지막
우체통이 보인다. 4코스의 마지막 스탬프
를 찍은 뒤 경사면을 따라 내려가면 된
다. 저 멀리 큰 오동나무와 바로 옆 돌담
에 강인한 생명력으로 뿌리를 내리고 있

아기오동

는 어린 오동나무가 눈에 들어온다. 아마도 오동나무에서 날린 씨앗이 돌담에 자리 잡았
을 것이다. 엄마 나무는 아기 오동의 위태로움을 지켜본다. 4코스를 완주하는 이들이 어
린 오동나무의 안녕을 기원해 주기로 하자.

도로변으로 내려와 마지막까지 이정표를 잘 따라가면 사당역에 무사히 도착할 수 있다.
곳곳에 놓인 둘레길 이정표 덕에 상당한 길치라 할지라도 길을 잃지 않고 목표지점에 도
달할 수 있다. 둘레길은 중간에 빠져나가고 합류하는 길이 잘 조성되어 있으니 그날의 컨
디션과 상황에 맞게 무리하지 않고 언제든 자유롭게 경로를 변경할 수 있어 부담 없이 이
용할 수 있다.

둘레길의 보물

푸른 이끼, 오솔길 고사리 군락,
다양한 색감의 버섯들, 열매들, 숲
에 사는 곤충들을 만나면 귀한 보
물을 발견한 것처럼 마음이 풍족해
진다. 둘레길 끝에서는 모두가 평
화롭고 개운하고 행복하고 풍요롭
길 바란다.

(김민정 숲해설가)

130

'생태계 교란 식물'을 마주하며

김민정 숲해설가

건물이 빼곡하게 들어선 원룸촌 사이에는 공터가 하나 있다. 빈 땅에는 시간이 흘러 다양한 들풀이 자리 잡았고 유독 큰 키를 자랑하는 풀이 하루가 다르게 성장했다. 씩씩하게 자라는 기세와 푸름을 바라보고 있으면 숨통이 트이곤 한다. 어느 날 이 식물이 생태 교란 식물로 지정된 단풍잎 돼지풀이라는 것을 알았을 때는 양가적인 감정이 피어올랐다.

'생태 교란 식물'은 생태계의 균형을 교란하거나 교란할 우려가 있는 식물로 환삼덩굴을 제외한 15종은 국내에 유입되어 토착화된 외래식물이다. 이들은 토종 식물 군락을 밀어내고 단일 군락을 형성하여 생물 다양성을 감소시키고 알레르기를 유발하는 등 부정적인 영향을 미치고 있다. 또한 목초지와 농경지에 침입하여 농·축산업에도 큰 피해를 일으키고 있다.

누군가에게는 아름다운 들꽃으로 스쳤을 이들이 다른 한쪽에서는 지대한 영향을 주고 있는 것이다. 때마다 지자체에서 제거 사업을 시행한다는 기사를 쉽게 접하곤 한다. 많은 인원들이 동원되어 시기마다 제거 작업을 진행하고 있지만 이미 군락을 형성한 생태 교란 식물을 온전히 물러가게 하는 것에는 엄청난 노력과 시간이 걸린다. 튼튼하게 자라고 있는 식물들을 뿌리째 뽑아낼 때는 이들의 부정적인 영향을 알고 있음에도 불구하고 마음 한구석이 편치 않다.

이 식물들이 큰 피해를 주고 있는 것은 사실이고 대책이 또한 절실하다. 하지만 단편적으로 존재 자체를 혐오하거나 무조건적인 제거의 대상으로 바라보는 것은 위험하다. 이들의 입장에서는 국내의 실정이 굉장히 억울할 것이다. 먼 타지에서 열심히 산 죄밖에 없기 때문이다.

무엇보다도 가장 먼저 물어야 할 것은 어떻게 외래식물이 타지에서 우위를 점할 수 있느냐에 관한 것이다. 이들은 '인간 활동'으로 이 땅에 도착했고 '인간 활동'으로 발생한 다양한 교란에 힘입어 세력을 확장했다. 막강한 생명력을 가지고 있긴 하지만 과연 우리의

가시박

단풍잎돼지풀

미국쑥부쟁이

서양등골나물

환삼덩굴

생태계가 건강하고 굳건했다면 외부에서 유입된 식물이 그 자리를 독차지할 수 있었을까.

생태 교란 식물의 존재 자체를 부정할 수 없다. 건강한 땅에서 적은 개체수로 발생하는 것은 오히려 생물의 다양성 측면에서 자연스럽다. 문제가 되는 상황은 이들이 일상을 잃은 생태계에 침투하여 취약해진 토종 식물을 몰아내고 단일 세력을 확장할 때이다. 그러므로 가장 중요한 것은 더 이상의 교란을 멈추고 땅을 건강하게 회복하고 유지하는 것이다.

실제로 생태계 교란 식물은 생존하기 어려운 척박한 토양에서도 잘 자란다. 한때 미국자리공은 교란 식물로 오해받았다. 그러나 사실은 산성화되고 오염된 토양에서도 잘 자라는 강한 생명력을 가진 것이었다. 이러한 생존력이 여으로 도움이 될 수도 있다. 생명력 없는 땅에 어디서든 잘 자라는 식물이 들어온다면 햇빛에 노출되었던 토양은 보호받는다. 시간이 흘러 땅은 점차 풍요로워지고 다양한 식물들이 하나둘 유입되는 생태계 회복을 기대할 수도 있다. 맨땅이 숲이 되는 천이(遷移)의 과정처럼 말이다.

자연을 그 속에 사는 동물, 식물, 곤충들의 터전이라고만 생각하고 살아간다. 남의 집이라고 귀하게 여기지 않았던 과거들은 끊이질 않은 자연재해와 기후 위기, 팬데믹으로 돌아왔다. 아이러니하게도 많은 것을 잃고 나서나 우리 또한 자연을 터전으로 두고 살았음을 깨닫는다.

현재 인간, 동식물 할 것 없이 지구의 모든 존재가 멸종의 위협을 받고 있다. 그러나 우리는 여전히 그 위기를 가속화하고 있다. 슬프게도 앞으로는 더더욱 다양한 생명들을 지키기 어려워질 것이다. 어쩌면 번식력이 강한 극소수의 동식물을 바라보며 위안 삼는 암담한 현실을 마주하게 될지도 모른다.

결코 빼곡하게 들어선 건물보다, 빼곡하게 뿌리내린 단풍잎 돼지풀이 더 해롭다고 말할 수 없다.

생태 교란 식물은 본래 아름다운 꽃을 피우는 여느 식물과 다를 게 없다. 현재로서는 온전히 미워하거나 온전히 사랑하기 어려운 상황일 뿐이다. 이들을 자원화하는 다양한 연구가 진행되고 있는데 쓸모를 발견하여 부드러운 시선이 닿을 수 있기를 희망한다.

미국자리공

V. 제5코스(관악산 · 호암산)

- **시 · 종점** : 관악구 사당역～낙성대～관악산공원입구～호압사～금천구 석수역
- **거리** : 약 13km
- **소요시간** : 약 6시간
- **난이도** : ★★★ 중급
- **매력 포인트** : #역사문화체험의 장 #산림욕장에서 피톤치드샤워
- **절약한 탄소** : 3.1kg
- **스탬프 위치** : 관악산 입구 화장실 앞(관음사 아래), 관악산자연공원 입구,
  호암산 숲길공원(석수역)
- **교통수단** : 시점–사당역 4번출구, 종점–석수역 1번출구
- **탐방** : 심채영 숲해설가

서울둘레길 5코스는 관악산과 호암산을 연결하는 코스이다. 서울의 남쪽을 지탱하고 있는 관악산은 서울에서 세 번째로 높은 산이며 서울의 대표적 명산인 만큼 둘레길 또한 자연경관이 뛰어나다. 또한 곳곳에 역사 깊은 문화유적이 많아 인문학적 가치를 느낄 수 있는 코스이다.

5-1코스는 5.7km로 사당역 4번 출구에서부터 관악산자연공원 입구까지 2시간 30분 소요된다. 관전 포인트로는 신라시대에 도선국사가 창건한 관음사, 서울의 대표적 산이 모두 보이는 조망대, 우리나라 3대 영웅 중 한 명인 강감찬 장군이 태어난 낙성대 등이 있다.

5-2코스는 7.3km로 관악산자연공원 입구부터 석수역까지 3시간 30분이 소요된다. 관전 포인트로는 세 분의 천주교 성인이 모셔진 삼성산 성지, 조선 개국 당시 관악산의 호랑이 기운을 누르기 위해 세운 호압사, 피톤치드 샤워를 할 수 있는 산림욕장 등이 있다. 5코스는 관악산과 호암산이 연결된 높낮이가 뚜렷하게 존재하는 코스이기 때문에 하루에 한 코스만 완주하는 것이 하루 운동량으로 적당하다.

5-1코스		5-2코스	
(사당역 갈림길-관음사-조망대-낙성대-관악산공원입구)		(관악산공원입구-유아자연배움터-천주교삼성산성지-호압사-잣나무 산림욕장-호암산폭포-석수역)	
사당역 갈림길~낙성대	낙성대~관악산공원입구	관악산공원입구~호압사	호압사~석수역
(3.9km, 100분)	(1.8km, 50분)	(3.5km, 108분)	(3.3km, 102분)

5-1코스의 시작

상사병 걸린 꽃, 상사화

사당역에서 출발해 주택가를 지나 관음사 입구로 들어가면 5-1코스의 첫 번째 스탬프 우체통이 보인다. 관음사 초입에는 예쁘게 식재된 상사화를 많이 볼 수 있다. '이루어질 수 없는 사랑'이라는 꽃말을 지닌 상사화는 꽃과 잎이 좀처럼 만날 수 없다. 2월경 잎이 올라왔다가 6월경 말라 없어지고 뒤이어 꽃대가 올라와서 8월경 꽃이 핀다. 서로 다른 시기에 피기 때문에 상사병에 걸려버린 연인처럼 애틋하다. 상사화에 얽힌 설화도 존재한다.

옛날에 금술 좋은 부부에게 늦둥이 딸이 있었다. 아버지가 병환 중 세상을 뜨자 아버지의 극락왕생을 빌며 백 일 동안 탑돌이를 시작했다. 이 절의 큰스님 수발승이 탑돌이를 하는 여인을 연모하게 되었으나 중의 신분인지라 이를 표현하지 못했다. 여인이 불공을 마치고 돌아가자 스님은 그리움에 사무쳐 시름시름 앓다가 숨을 거두었다. 이듬해 봄, 스님의 무덤에 잎이 진 후 꽃이 피었는데, 세속의 여인을 사랑하에 말 한마디 건네지 못했던 스님을 닮았다 하여 꽃의 이름을 상사화라 지었다.

절 입구에 식재되어있는 꽃의 설화가 스님의 절개에 대한 내용이라니, 과연 영험있는 사찰이 아닐까 싶다. 반칠환 시인은 상사화를 보고 이렇게 말했다.

"잎은 꽃을 보지 못하고, 꽃은 잎을 보지 못한다지만, 저들은 봄마다 잎이 푸르기를 멈춘 적 없고, 여름마다 꽃이 붉기를 그친 적이 없다. 폭우에 찢겨도 꽃잎은 웃고, 강풍에 쓰러져도 꽃대는 푸르니 무모하지 않으면 생명이 아니요, 뜨겁지 않으면 그리움이 아니다. 꽃과 잎이 만나지 못한다지만 실은 땅속 같은 뿌리에서 돋지 않던가? 헤어진 것 같으면서도 이미 만나고, 만나고 있으면서도 또 그리워하는 몸짓 아닌가? 지구라는 알뿌리에 꽃이며 잎인 우리 모두 형제이며, 연인인 상사화가 아닌가?"

상사화가 사람 말을 알아들을 수 있다면, 읽어주고 싶은 글이다. 우리 모두 보고싶지만 볼 수 없는 누군가를 가슴에 품고 있을지 모른다. 그럼에도 찬란한 생명체로서 누군가를 사랑하고 좋은 기억들을 저장해간다. 시인의 말처럼 우리는 지구라는 알뿌리의 꽃이며 잎이기에, 사람으로 아프지만 또 사람으로 치유받는다.

가을을 열어주는 꽃무릇

절 입구에 있는 진노랑상사화 사이로 몇 송이 피어 있는 빨간 꽃은 꽃무릇(석산)이다. 꽃무릇도 상사화속 식물이기 때문에 꽃무릇 또한 잎과 꽃이 만날 수 없다. 상사화와 꽃무릇은 색깔과 개화시기로 구분할 수 있다. 꽃무릇의 꽃은 빨

꽃무릇(석산)

간색이며 가을에 개화하는데 반해, 상사화는 꽃의 색이 다양하다. 연분홍색인 상사화, 연한 주황색인 제주상사화, 연노랑색인 붉노랑상사화, 진한 노랑색인 진노랑상사화 등이 있으며 이들은 여름에 개화한다.

기분 좋은 시작, 관음사

스탬프 우체통에서 오르막길을 올라가다 보면 관악산 관음사(冠岳山 觀音寺)라고 적힌 일주문(사찰에 들어서는 산문(山門)가운데 첫 번째 문)이 나온다. 일주문의 현판에는 보통 산과 사찰의 이름이 오른쪽부터 왼쪽 방향으로 적혀있다. 일주문은 문짝이 없다. 물리적인 통제의 문이 아니라 마음의 문이라는 의미라고 한다. 사찰에 안치된 부처의 경지를 향해 가는 수행자는 참된 마음으로 문을 통과하라는 뜻이 내포되어 있다.

우리는 5코스를 올라가며 어떠한 마음에서, 어떠한 다른 마음으로 문을 열고 들어갈 것인가? 사실 답을 찾을 필요는 없다. 사랑하는 애인을 만나러 가는 이유를 굳이 고민하지 않는 것처럼. 둘레길이 그저 좋고 숲이 좋으니 우리는 오늘도 산에 오른다. 그래도 기왕 일

주문을 지나쳤으니 관음사에 들려보는 것도 좋다. 봄에 방문하면 산사의 봄 정취를 한껏 느낄 수 있다. 관음사는 신라 말기의 고승 도선국사(道詵國師)가 895년(진성여왕 9)에 창건하였다. 현재의 불당은 1924년 당시의 주지 석주(石洲)가 중건한 것이다.

그 자체가 여행지, 둘레길

관음사를 지나면 운동장이 있는 '관악 체력센터'가 나온다. 사당역에서부터 여기까지는 계속 가파른 오르막이었다. 앞으로 남은 5-1코스는 오르막길과 내리막길이 반복되며 길이 구불구불하여 걷는 것만으로 재미있다.

둘레길은 정상을 향해 올라가는 등산과는 다른 매력이 있다. 둘레길에서는 스탬프 우체통이라는 목적지가 있을 수 있으나, 정상이라는 목적지는 없다. 그래서 둘레길을 걷는 것 자체가 여행을 하는 듯한 느낌을 준다. '길'을 즐기러 온 우리는 길에서 만나는 모든 것을 즐기고 만끽할 수 있다. 또한 둘레길 특성상 오르막이 나오면 곧이어 반드시 내리막이 나온다. 현재의 힘듦이 영원하지 않을

것이라는 마음가짐은 부담을 덜게 한다. 5-1코스는 둘레길이라고 하기에는 등산같고,

등산이라고 생각하기엔 쉽게 느껴질 것이다. 또한 돌이 많기에 등산화를 신는 것을 추천한다.

땅이 그리운 때죽나무

5코스에서 많이 보이는 목본식물 중 하나는 때죽나무이다. 열매가 조롱조롱 귀엽게 매달린 때죽나무는 세계에 약 120종이 있으나 한국 종이 가장 우수하다고 알려져 있다. 서양에서는 아래로 핀 때죽나무 꽃이 '눈을 맞은 종'같다고 하여 'snowbell'이라 부른다.

초본류에서는 초롱꽃, 은방울꽃 등 땅을 보는 꽃을 볼 수 있지만, 목본류에서는 때죽나무 꽃이 유일하다. 그렇기에 5코스를 걷다가 나무에 매달린 작고 하얀 종들을 볼 때면, 걸음을 멈춰 사랑스러운 광경을 한참 바라보게 된다. 땅을 바라보는 꽃이 유독 귀엽게 느껴지는 이유는 무엇일지 궁금해하면서.

때죽나무는 예로부터 생활에 쓰임이 굉장히 많았다. 때죽나무 열매를 갈아 물에 풀면 껍질에 있는 에고사포닌이라는 마취성분으로 인해 물고기들이 잠시

때죽나무

기절하여 물에 떠오른다. 이름 또한 물고기를 '떼'로 '죽'인다는 데서 유래되었다고 전해진다. 열매가 가진 독성을 이용하여 동학동민운동때는 열매를 빻아 화약에 섞어 썼다고 한다. 환경 적응력이 높은 때죽나무는 공해물질 배출이 많은 공장 근처에서도 잘 자란다.

때죽나무를 보면 외유내강형 이가이 떠오른다. 이렇게 아름답고 향이 좋은데 주변을 마비시킬 수 있는 힘이 있고, 무기로 쓰일 독을 가지고 있으니 말이다. 심지어 척박한 토지와 공해 속에서도 강한 생명력을 지녔으니, 때죽나무 꽃의 꽃말이 '겸손'인 것은 우연이 아닐 수 없다.

미련 없는 쪽동백나무

때죽나무와 항상 비교되는 것이 쪽동백나무다. 때죽나무의 꽃은 나뭇잎이 나오는 한 지점에서 2-5개씩 묶어 나온다. 꽃자루(꽃 바로 위에 있는 줄기)가 길어서 열매도 주렁주렁 매달려 달린다. 그러나 쪽동백 꽃은 하나의 줄기를 따라 촘촘하게 피고 꽃자루가 짧다. 열매 모양도 다른데, 때죽나무 열매가 쪽동백 열매보다 끝이 좀 더 뾰족하다. 나뭇잎도 때죽나무 잎이 더 크다.

쪽동백나무는 이름 때문에 동백나무의 친척같지만, 실은 때죽나무과이다. 과거에 여성들이 쪽동백나무의 기름으로 머리단장을 하였는데, 동백나무의 동백기름이 남서해안 일부 지역에서만 생산되는 귀한 물품이었기 때문이었다. '쪽'은 '쪽방'처럼 작다는 뜻의 접두사로 동백나무 열매보다 작다는 의미다.

쪽동백나무는 동백나무와 비슷하게 꽃이 시들지 않은 상태에서 통으로 떨어진

쪽동백나무

쪽동백나무

다. 필자는 과거에 여행을 하다가 누군가 통으로 떨어진 동백꽃을 하트 모양으로 모아놓은 것을 본 적 있다. 예쁘게 모아진 모습일지라도 '아깝다'는 생각이 드는 것은 어쩔 수가 없었다. 아무런 상함도 없는 화양연화일 때 왜 그리 급하게 내려왔는지 꽃에게 물어보고 싶었다. 땅이 좋았니, 바람이 그랬니, 대답 없을 질문을 하며 발길을 떼지 못했다. '박수칠 때 떠나라' 라는 인간이 만든 말을, 때로는 꽃이 제일 잘 아는 것 같다.

멀리서도 보이는 일본목련

쪽동백나무가 끝나는 시점부터 서서히 일본목련의 군락이 보인다. 일본목련은 30cm 내외의 장타원형의 잎이 7-8개씩 모여 달린다. 우리나라에서 볼 수 있는 목련속 수종들 중에 잎이 가장 크기 때문에 멀리서 봐도 쉽게 구분할 수 있다. 5코스 곳곳에 있는 일본목련을 찾아보는 재미가 있다.

일본에서는 일본목련을 호우노키(ホウノキ)라고 부르는데 호우노키라는 말은 '큰 잎에 많은 음식물을 올리거나, 감싸는 용도로 많이 사용 했다.'는 의미이다. 목련 잎에 살균효과가 있고 불에 강하여 호오바야끼(朴葉

일본목련

일본목련

焼き)같은 요리에 사용된다. 호오바야끼는 숯불화로 위에 말린 목련잎을 깔고 된장 소스와 등심을 구워먹는 요리이다. 한국에 있는 일본음식점에서도 종종 볼 수 있다.

식물 이름에 '일본'이 꼭 들어가야 할까?

결론부터 말하자면 '일본'을 뺄 수 있다. 단, 해당 식물 분포의 중심지가 일본이 아닌 한국이거나, 광범위한 나라에 분포하고 있는 경우에 그렇다. 참고로 일본목련의 원산지는 일본이며 한국과 일본에 분포하고 있다.

식물 이름은 국제적으로 통용되는 학술적 표준어인 학명(學名), 국가마다 다르게 부르는 국명(國名), 영어 이름인 영명(英名) 이렇게 세 가지로 불린다. 국명과 영명은 자유로운 의사소통을 위해 일반적으로 사용된다. 소나무로 예를 들자면 소나무의 학명은 'Pinus densiflora', 국명은 '소나무', 영명은 'Korean red pine'이다.

일제강점기 때 일본인에 의해 식물이 연구되고 학계에 보고되면서 우리나라 고유 식물의 학명에 일본식 지명이나 일본인의 이름이 대거 포함되었다. '섬기린초'의 경우 독도와 울릉도에서만 자라는 우리나라 고유종이지만 'Takeshima'(다케시마)가 학명에 포함되어 있다. 우리나라 꽃의 이름이 일제 찬양을 위해 쓰이기도 했다. '금강초롱꽃'의 학명에는 'Hanabusaya'(하나부사야)가 들어가는데 이는 조선의 초대 일본공사인 하나부사 요시모토의 공을 길이 보전하기 위해 넣은 것이다.

하지만 점차 식물 주권의 중요성이 강조되면서 식물 이름을 바꾸는 작업이 진행되고 있다. 학명은 국제명명규약에 따라 바꾸기 쉽지 않으니 영명이라도 바로잡자는 것이다. 산림청은 한국식물분류학회와 함께 영명에 'Japan'이 들어간 자생식물들의 이름을 변경해 왔으며, '한반도 자생식물 영어 이름 목록집'을 발간하여 이를 알렸다. 이러한 자생식물 주권 확보를 위한 노력을 통해 '섬기린초'는 'Ulleungdo stonecrop'(울릉도 돌나물과)라는 영명을 새롭게 가지게 되었다. 소나무도 기존 영명은 'Japanese red pine'(줄기가 붉은 일본 소나무)였으나, 'Korean red pine'(줄기가 붉은 한국 소나무)로 변경되었다.

우리나라가 주권을 되찾은 지 오랜 세월이 지났지만 아직까지도 일본의 잔재가 있다는 것이, 그것도 말 못하는 식물들에게 남아있었다는 것이 비통한 사실이다. 식민 지배의 발판을 마련하고자, 식물에게 일어난 창씨개명과도 같은 만행을 잊지 말아야 할 것이다. 이를 위해 지금처럼 계속해서 이름 없는 자생식물에 한글 이름을 붙여주고, 정체성을 바르게 세우는 연구에 관심을 기울인다면, 우리가 새로운 독립운동 문화를 불어올 수 있을 것이라 믿는다.

기후변화 대응 수종으로 떠오르는 아까시 나무

"동구 밖 과수원 길 ○○○○꽃이 활짝 폈네~"

이 동요 가사를 보고 ○○○○에 어떤 단어가 생각나는가? 대부분 "아카시아"를 떠올릴

아까시나무

것이다. 그런데 사실 "아카시아"가 아니
라 "아까시"가 들어가야 한다. 진짜 '아카
시아나무'는 호주 동부와 아프리카가 원
산지이며 기린이 먹는 열대성 상록수로
우리나라에서는 흔히 볼 수 없다. 우리가
아카시아나무로 잘못 알고 있는 아까시
나무는 콩과의 낙엽교목이다. 한국에서
아카시아꿀이라고 불리는 꿀은 아까시나
무 꽃에서 채취한 꿀이다. 아까시나무의
종속명은 pseudo-acacia, 번역하면 '가
짜 아카시아'로 아카시아나무를 닮았다는
뜻으로 붙여진 이름이다. 우리나라에 들
어오면서 점차 '가짜'는 빠지고 '아카시
아'로 불렸다. 혼란을 막고자 후에 '아까시나무'라는 한국어 이름을 갖게 되었다.

아까시나무

이렇게 아까시나무는 오랫동안 남의 이름으로 불리는 수모를 겪었다. 또한 아까시나무
는 일본이 우리나라 토종 자생나무를 죽이기 위해 일부러 심은 것이라는 오해를 받았다.
하지만 이 나무는 빛이 많이 필요한 양수식물이기에 다른 나무가 자리 잡고 있는 곳엔 쉽
게 살지 못한다.

아까시나무는 침범이 아니라 오히려 땅을 비옥하게 만드는 콩과식물이다. 콩과식물은
토양세균인 뿌리혹박테리아와 공생하는데, 이 세균은 식물체로부터 탄수화물을 흡수하고
공기 중의 질소를 고정하여 식물에게 제공한다. 이러한 나무는 자연계의 질소 순환에 중
요한 기여를 한다. 임학계에서 선구식물로 불리는 아까시나무는 척박한 땅에 선구자처럼
뿌리내려 토양을 비옥하게 만들고는 빠르게 쇠퇴한다. 이 때문에 한국전쟁 이후 녹화사업
(綠化事業)의 일등공신이라고 불린다.

이렇게 아까시나무는 수명이 50년 정도로 길지 않기 때문에 60, 70년대 심어진 나무들
은 이제 사라질 때가 되어간다. 또한 고사목이 보기가 안 좋고, 뿌리가 깊지 않아 잘 넘어

진다는 이유로 잘 자라고 있는 나무까지 없애왔다.

그러나 중요한 것은 아까시나무는 우리나라 꿀벌이 가장 좋아하는 밀원(蜜源 · 꿀의 원천이 되는 식물)이기 때문에 사라지게 되면 타격이 크다. 실제로 2022년 꿀벌 실종사태의 원인 중 하나로 밀원수의 급감이 손꼽힌다. 자신의 이름도, 입국한 목적과 사는 방식까지도 오해받으며 살아온 아까시나무. 아까시나무의 열매를 보면 작년에 맺은 색바랜 열매가 올해 난 열매 옆에 같이 매달려 있다. 열매가 떨어지지 못하고 미련을 두는 것은, 사라져 가는 자신의 운명을 알고 있기 때문인 것일까.

그래도 한 가지 희소식이 있다면 아까시나무가 기후 변화 대응 수종으로서 한국에서 최근에 다시 주목받고 있다는 점이다. 아까시나무 30년생 기준, 연간 ha당 이산화탄소 흡수량은 약 $13.8CO_2$톤으로 온실가스 흡수능력이 뛰어난 것으로 알려진 상수리나무($14CO_2$톤/ha)에 버금간다. 특히 유럽에서는 아까시나무 목재의 천연 내후성을 인정하여 방부 처리하지 않고 친환경 놀이기구로 제작하고 있다. 또한 헝가리는 아까시나무를 주요 목질계 바이오매스 생산, 용재 수종 및 밀원 수종 등으로 활용하고 있다. 빠른 생장과 쇠퇴의 과정 동안 벌, 땅, 공기에게 이로움만 선물해 준 아까시 나무. 고사하고 나서도 바이오매스를 이용한 친환경 에너지원으로 활용되는 이 나무야 말로 현대의 '아낌없이 주는 나무'가 아닐까 싶다.

자연이 내려준 인슐린, 국수나무

산길이나 들길에 흔하게 자라는 국수나무는 식물 장미과의 낙엽 활엽 관목으로 5~6월

국수나무

에 희거나 노르스름한 꽃이 핀다. 가늘고 낭창한 줄기가 국수 가락을 닮았고, 줄기 속 하얀 심도 국수를 닮았다 하여 붙여진 이름이다. 국수나무는 예로부터 약재로 사용했으며 특히 국수나무에 있는 이눌린 성분은 천연 혈당 강하제로 알려져 있다. 국수나무를 적당량 채취하여 말린 다음 달인 물을 마시면 당뇨를 예방하거나 치료하는데 도움이 된다.

무조건 건지는 포토 스팟

주택단지로 내려갔다가 올라오는 것을 반복하는 구간을 지나면, 한순간 탁 트인 곳에 도착한다. 정상이라는 목적지가 없는 것이 둘레길의 매력이라 했다. 하지만 정상 같은 곳에 이르자 기대하지 않은 노다지를 발견한 느낌이었다고, 사실 속이 뻥 뚫리는 기분이었다고 고백해본다. 바위에 올라가 사진을 찍으니 이보다 더 높은 지점이 없어 보인다. '사진만 보면 남들이 어디 높은 산 다녀온 줄 알겠는데..?' 라는 짓궂은 생각이 잠시 스치나, 둘레길에 어울리지 않는 마음가짐이라며 이내 접는다. 바위에 누워 따사로운 햇빛을 느끼는 등산객도 있으니, 다음에는 이곳에서 먹을 간식거리를 챙겨야겠다고 다짐한다.

무당골

관악산에는 화강암으로 형성된 기암괴석과 바위들이 많다. 무당골은 과거 무당들이 제사를 지내고 기도하던 곳으로, 옆에 있는 안내판에는 이렇게 쓰여있다.

무속신앙 (무당골)

우리나라의 무속신앙은 우주의 만물과 그 운행에는 각각 그 존재와 질서에 상응하는 기운이 깃들어 있어 인간이 제 스스로를 낮추어 그 기운을 거스르지 않고 위하고 섬기면 소원을 성취하며, 모든 일이 질서를 찾아 편안해진다는 확고하면서도 광범위한 범 우주적, 자연적 신관과 나름대로의 신앙체계를 갖추고 있는 한국의 민간신앙이다.

(중략)

둘레길 이용 시 서로 배려하는 마음으로 정숙히 이 곳(무당골)을 이용할 수 있도록 하여 주시기 바랍니다.

무당골을 지나면서 어떠한 사람도 상처받지 않고 기분 좋게 산행을 하길 바라는 둘레길 관리자의 마음이 느껴지는 안내판이었다.

둘레길을 통해 공존하는 우리

5코스 중에는 천주교 성지가 있다. 천주교를 전교하다가 사형선고를 받고 순교하신 분들의 묘가 있는 곳이다. 동시에 역사 깊은 사찰인 관음사와 호압사가 있다. 5코스에서는 불교, 천주교, 무속신앙까지 여러 종교들의 역사가 있는 현장을 직접 볼 수 있기 때문에 자연스럽게 화합과 공존에 대해 생각해보게 된다. 이를 반영하는 듯 5코스 스탬프 중 하

나에는 세 사람이 각자 다른 도구를 들고 기도하는 이미지가 새겨져 있다. 참고로 서울둘레길의 스탬프 디자인은 총 28개로 구간별 자연, 문화, 역사가 압축된 대표적 상징으로 제작되었다.

2022년 5월에 용인에서 '용인 3대 성지를 걷다'를 주제로 '유교' 성지인 심곡서원에서 출발하여, '천주교' 성지인 손골성지를 거쳐, '불교' 성지인 서봉사지에 이르는 종교화합 평화 성지순례 걷기 행사가 진행된 바 있다. 종교 간 벽이 허물어진 현장이었다.

5코스도 또한 마찬가지이다. 어떠한 종교도, 어떠한 식물도, 어떠한 곤충과 새들도 누구 하나 이 산을 독점하지 않는다. 종자, 신념, 사는 방식 등 모두 다르지만 이 공간 안에서 각자의 자리를 지키며 공존해나간다.

우리는 현재 공존하며 살아가고 있을까? 공존은 멀고 거창한 가치로 들리지만, 사실 둘레길을 걷고 있는 우리는 모두 공존을 위한 노력을 하고 있다. 자연과의 공존을 위해 온실가스가 방출되지 않는 취미를 갖는다는 것, 자연을 계속해서 헤치는 것이 아니라 자연을 둘러 느리게 걷는다는 것, 햇빛이 있을 때 올라갔다가 해가 없으면 내려오는 것. 이러한 둘레길에서의 한 걸음

산딸기

한 걸음이 곧 공존을 위한 우리의 발걸음이다.

산 속 원기회복제, 산딸기

6~8월에 5코스에서 느낄 수 있는 별미는 바로 산딸기다. 산길을 따라 군락을 이룬 산딸기는 알도 제법 커서 기대 이상의 맛이다. 서울에서, 그것도 깊은 산 자락이 아닌 둘레길에서 산딸기를 먹는 것은 특별한 이색체험이 될 것이다. 실제로 산딸기는 비타민C, 유기산, 안토시아닌 등을 함유하여 원기회복에 도움이 된다.

6개월 전 '숲길의 나'와 만나기

무당골을 지나 조금 더 걸으면, 쉼터도서함이 있는 '인헌산림쉼터'가 나온다. 숲해설과 같은 단체활동이나 명상을 하기에 좋아보인다. 5코스 산행 중에는 쉼터도서함을 자주 발견할 수 있다. 그런데 주목해야 할 것은 쉼터도서함 옆에 있는 '추억의 우편함'이다. 엽서에 글과 주소를 적고 우편함에 넣으면 6개월 뒤에 해당 주소로 발송된다. 추억의 우편함을 이용하여 6개월 뒤에 관악산 둘레길을 회상한다면 푸르른 녹음의 향수는 더욱 짙어질 것이다.

관악산 조망대

관악산 조망대에서는 서울을 대표하는 열 개의 산을 모두 볼 수 있다. 조망대에서 보이는 여러 산과 5코스인 관악산, 호암산의 높이를 비교해보면 아래 표와 같다.

1	북한산	836.5m	7	북악산	342m
2	도봉산	739.5m	8	인왕산	338.2m
3	수락산	638m	9	안산	295.9m
4	관악산	632m	10	아차산	287m
5	불암산	508m	11	남산	262m
6	호암산	309m	12	천마산	144.5m

조망대에서 보이는 서울 산의 해발 고도

전설이 태어난 곳, 낙성대

낙성대는 고려시대 명장이었던 강감찬(姜邯贊)이 태어난 생가 터를 성역화하고 공원으로 조성한 곳이다. 강감찬 장군은 거란족의 침입을 막아내어 구국의 공을 세웠으며 이순신, 을지문덕과 함께 우리나라의 3대 영웅으로 불린다. 이 곳을 낙성대(落星臺)라고 부르게 된 연유로는 다음과 같은 전설이 전해온다. 강감찬이 태어나던 날 밤, 이 고을을 지나던 사신이 하늘에서 큰 별이 떨어져 어느 집으로 들어가는 것을 보게 되었다. 그는 이상히 여겨 관원들을 시켜 그 별이 떨어진 곳을 찾아가 보도록 하였더니 그 집 부인이 아들을 낳았는데, 그가 바로 강감찬이었다는 것이다.

낙성대공원은 낙성대 근처를 공원으로 조성한 것으로 아이들과 간단한 스포츠를 즐기기에 좋으며, 강감찬 전시관, 강감찬 카페, 관악문화예절원 등 다양한 시설이 갖추어져 있

다. 특히 공원 내 반려견 놀이터는 강아지가 목줄 없이 뛰어놀 수 있는 공간으로, 견주 또한 자유로운 반려견을 보며 행복한 시간을 보낼 수 있는 곳이다.

하루에 5-1코스만 걷는다면 낙성대에서 일정을 마치고 다른 날 5-2코스를 '관악산 자연공원'에서부터 시작하면 된다. 낙성대에서 5-2코스를 이어서 가고자 한다면, 낙성대공원 앞 대로의 횡단보도를 건너 '서울영어마을 관악캠프' 건물 좌측 숲길로 진입해야한다. 주의할 점은 숲길 중간에 '서울대입구' 방향 표지판이 나오는데, 그 방향으로 가지 않고 계속 직진해야 둘레길로 이어진다.

5-2코스의 시작

숲길이 끝나면 서울대를 지나 관악산자연공원까지 인도로 걷는다. 낙성대공원에서부터 관악산자연공원 입구까지는 50분 정도 소요된다. 5-2코스의 해발 고도는 최고 280m로, 5-1코스보다 높아서 코스 초입에는 계단 구간이 많다.

능소화

하늘이 무섭지 않은 능소화

관악산자연공원 입구에는 건물 벽 전체를 화려하게 장식하는 능소화가 있다. 등나무나 칡 줄기는 높은 곳을 향해 올라갈 때 물체를 감아서 올라가지만 능소화는 낙엽성 덩굴식물로 가지에 흡착근이 있어 뿌리가 벽이나 나무에 달라붙어 뻗어간다. 능소화(凌霄花)의 한자는 업신여길 凌(능)자에 하늘 霄(소)자를 쓴다. 능소화의 이름답게 하늘을 개의치 않고 10m 높이까지 올라간다. 능소화는 담장 너머 무엇을 보고자 제 힘으로 한 발 한 발 암벽등반을 강행했을까? 여름철 햇볕

능소화

에 모두가 고개를 숙일 때 담장을 넘어버리는 능소화가 참으로 강인해보인다. 필자가 느낀 이러한 이미지와는 다르게 능소화 전설 속 '소화'라는 인물은 임금을 애타게 기다리다 죽은 빈이다. 죽은 '소화'의 처소에는 주홍빛 잎새를 넓게 벌린 꽃이 넝쿨을 따라 곱게 피어났는데 이 꽃이 바로 능소화다.

식물의 전설에는 하염없는 기다림이나 이루어질 수 없는 사랑처럼 요즘 시대에 공감하기 힘든 이야기가 많은 것 같다. 진취적이고 가지고 싶은 것을 쟁취해나가는 요즘 사람들이라면 다른 이야기를 붙였을지도 모르겠다. 하지만 전해 내려오는 이야기 또한 너이고, 너의 역사이니 귀하게 존중하련다.

칵테일을 보면 떠오르는, 노간주나무

정원수로 심는 노간주나무는 측백나무과의 사철 푸른 나무이다. 잎은 3개씩 가지에 돌려나며 솔잎처럼 뾰족뾰족하고 열매는 둥글고 검은색이다. 1680년 네덜란드 의학박사가

노간주나무

노간주 열매(주니퍼베리)를 알콜에 침전시켜 증류하여 약용주로 만들었다. 이를 1689년에 영국으로 수출하며 앞글자 'Gen'만 따서 불렀고 오늘날의 'Gin'이 되었다. 그렇게 노간주 나무 열매가 들어간 증류주는 '진'이라 부르고 칵테일의 베이스로 쓰였다. 열매는 약으로도 쓰이는데, 류마티스 관절염, 진통, 통풍치료 등에 효능이 있다.

모험을 배우는 곳, 삼성동 유아자연배움터

둘레길은 둘러서 가는 길이다. 도달하는 것이 능사가 아니라고 말해주듯 둘레길 곳곳에는 호흡을 고를 시설과 장소가 마련되어 있다. 둘레길 이용자가 무리하지 않도록 배려했음이 느껴진다. 삼성동 유아자연배움터 또한 스트로브 잣나무와 하늘을 향해 뻗어있는 메타세콰이어로

녹음이 우거져 있어서 유아뿐만 아니라 어른들의 쉴 곳이 되어준다.

유아자연배움터란, 자연을 접하기 어려운 도시에 거주하는 유아들이 정신적, 신체적 발달이 이루어질 수 있도록 조성된 숲 교육장을 말한다. 곳곳에 그물놀이네트, 곤충호텔, 기차놀이, 달팽이놀이 등 다양한 숲 체험 놀이시설이 설치되어 있어서 자연을 모험하기 좋다. 여기에서 진행되는 유아숲체험 프로그램은 '서울시 공공예약 서비스' 사이트〉문화체험〉교육체험 탭에서 신청가능하다(삼성동 산 58-20 일대).

대(大)자로 꽃피는 바위취

바위틈에서 잘 자라는 바위취는 범의귀과의 상록성 여러해살이풀이다. 상록성이란 사계절 내내 녹색을 띠는 식물을 말한다. 여러해살이풀이란 겨울에 땅 위의 기관은 죽어서 없어진 것 같지만, 땅 속의 기관인 뿌리나 땅 속 줄기가 살아있어서 다음 해 봄에 다시 새싹이 돋는 초본을 말한다. 여러해살이풀은 이 과정을 3년 이상 반복한다.

바위취의 꽃은 참으로 개성있다. 위쪽 꽃잎 세 장은 분홍빛 무늬를 띠고, 아래 두 장은

바위취

흰색에 수염처럼 길게 뻗어있는데 큰 대(大)자같다고 하여 '대문자 꽃'이라고도 불린다. 5월 중순에서 7월 초순 사이에 5코스를 가게 된다면 대(大)자로 뻗어있는 바위취 꽃을 꼭 만나보길 바란다. 약리학적 연구에 따르면 바위취에는 강심, 이뇨 및 항종양 작용이 있다.

종교 박해 역사를 지닌 천주교 삼성산 성지

삼성산(三聖山) 성지는 기해박해(1839년)때 새남터에서 서양인 성직자로는 처음으로 천주교를 전교했다는 이유로 사형을 선고받아, 1839년 9월 21일(음 8월 14일)에 군문효수의 극형으로 순교한 프랑스 선교사 성 라우렌시오 앵베르 범(范) 주교와 성 베드로 모방 나(羅) 신부, 성 야고보 샤스땅 정(鄭) 신부의 유해가 모셔진 곳이다. 관악산 둘레길로 지정되어 있는 삼성산 성지는 천주교 신자뿐 아니라 일반 시민의 발걸음이 잦다. 성지로 올라가면서 느낄 수 있는 십자가 화단, 예쁜 꽃길과 그늘은 마음을 평온하게 해준다. 삼성산 성지가 신자들만을 위한 성지 시설이 아니라 세 순교 성인의 묘소를 가진 세계적인 문화유적지라는 것을 새롭게 알아간다.

개나리의 후발주자, 황매화와 죽단화

　개나리는 3, 4월 봄의 시작을 알리는 노란 꽃의 대표주자다. 황매화와 죽단화(겹황매화)는 개나리의 노란 꽃 물결을 이어가 봄의 끝자락인 4, 5월에 개화한다. 황매화와 죽단화는 장미과에 속한 낙엽활엽관목이다. 낙엽활엽관목이란 높이가 주로 2미터 이내이고 주 줄기가 불분명한 나무를 말한다. 개나리, 진달래, 철쭉, 무궁화 등이 이에 속한다. 황매화는 꽃이 매실나무 꽃처럼 생겼고 노랗다고 하여 붙여진 이름이며, 죽단화는 황매화를 겹꽃으로 피게끔 개량한 품종이다. 황매화는 꽃술이 있어서 열매를 맺지만, 죽단화는 꽃술을 꽃잎으로 만들어 개량했기에 열매를 맺지 못한다.

황매화

죽단화

죽단화

호랑이 깔고 앉은 호압사

호압사는 조선 태종(1407)때 왕명으로 창건된 비보 사찰이다. 비보(裨補)란 부족한 부분을 채운다는 의미로, 풍수(風水)에서 지기(地氣)가 부족한 부분에 여러 조치를 취하여 취약한 부분을 없애거나 명당으로 만드는 일련의 방법을 말한다. 호암산은 산의 형세가 호랑이가 걸어가는 형국을 하고 있어서 풍수적으로 위협이 되었다. 호랑이의 기를 누르기 위해 꼬리 혈에 지은 절이 호압사이다. 사찰의 석축계단 주변에 수령 500년의 느티나무

가 있으니 그 엄장한 자태를 눈에 담아보길 바란다. 호압사까지 왔다면 서울둘레길 5코스의 3분의 2는 온 것이다. 남은 구간 중 하나는 하늘을 걷는 듯한 데크길인 '호암늘솔길'로 산림욕을 즐기며 편하게 걸을 수 있다.

잣나무 산림욕장과 호암늘솔길

호암산에는 50,000㎡(만오천여평)의 큰 규모를 가진 '잣나무 산림욕장'이 조성되어 있다. 이 구간에 들어서면 몸이 먼저 아는 듯, 잣나무 향내음에 본능적으로 숨을 깊게 들이마시게 된다. 드넓은 산림욕장 곳곳에 누워 피톤치드를 즐기고 있는 사람들의 모습이 참으로 여유로워 보인다.

피톤치드(phytoncide)란 식물이 자신의 생존을 어렵게 만드는 박테리아, 곰팡이, 해충

을 퇴치하기 위해 의도적으로 생산하는 살생 효능을 가진 휘발성 유기 화합물을 통틀어 일컫는 말이다. 피톤치드는 항암, 스트레스 감소 등에 효능이 있다는 연구 결과가 있다. 피톤치드를 흡입한 건강한 남성으로부터 소변과 혈액을 채취한 결과 NK세포(자연살해세포라고 불리는 면역세포) 활성도가 유의미하게 증가하였고, 이식한 암세포를 갖고 있는 실험동물을 이용한 연구에서는 피톤치드의 처리가 암세포의 생장을 억제한 것으로 보고되고 있다. 또한 피톤치드를 흡입한 사람들은 혈액 내 코르티솔의 수치가 감소하는 것으로 알려졌다.

5코스에서 사람이 가장 많은 길을 꼽으라면 '호암늘솔길'일 것이다. 호압사 입구에서 시작하여 잣나무 산림욕장과 호암산 폭포를 지나는 1km의 '호암늘솔길'은 산책하기 좋아 주민들도 많이 찾는다. 이름은 '언제나 솔바람이 부는 길'이라는 뜻으로 시민공모를 통해 선정되었다. 이 길은 휠체어나 유모차를 끄는 관광 약자도 산림욕을 즐길 수 있도록 나무 데크길로 조성된 '무장애 숲길'이다. 편안한 얼굴로 이 길을 걷는 사람들을 볼 때면, 서울둘레길 조성계획 첫 번째 주제가 '사람을 위한 길'이라는 것을 체감한다.

이 길은 나무로 만든 길이라 오래 걸어도 발목에 무리가 가지 않으며 중간 중간에 쉼터와 내려갈 수 있는 길이 자주 나온다. 이 길의 제일 묘미는 키 큰 나무와 눈높이를 맞출 수 있다는 것이다. 언제나 올려다 본 나무를 가까이서 보고, 잎을 만져볼 수 있다. 옆에 있는 아파트와도 키가 비슷해졌으니, 마치 하늘을 걷는 듯한 기분이 든다. 걸림돌 걱정 없으니 경관을 눈에 더 열심히 담아본다. 호암산 폭포와 칼바위가 보이는 지점을 지나면 조금 더 가서 좌측 야자매트길로 진입한다. 5코스의 끝자락에 다다르고 있다.

국민 계란, 개망초

개망초는 우리나라 전역에서 가장 흔하게 볼 수 있는 귀화식물이다. 계란을 닮아 '계란 꽃'으로도 불린다. 개망초는 슬프게도 '나라를 망하게 한 꽃'으로 불린다. 1905년 일제는 한국의 외교권을 빼앗기 위하여 강제적으로 을사늑약(乙巳勒約)을 체결하였고, 한반도의 수탈과 강점을 위해 철도를 놓기 시작했다. 철로 설치에 이용하던 침목에 개망초 종자가 함께 들어와서 왕성하게 번식하는 것을 보고, 나라를 걱정하는 이들은 '나라가 망하려니 별 망할 풀들이 나라를 뒤덮는구나'라며 한탄했다는 이야기가 전해진다.

그래도 혹시 모르지 않나. 개망초의 이름이 '나라를 망하게 한 꽃'이라는 의미로 지은 것이 아니라, '나라가 망한 한을 잊지 말자'는 의미로 지은 것일지. 누군가의 간절한 염원이 담긴 꽃일지도 모른다는 생각에 이 귀여운 꽃이 마냥 귀엽게만 보이지는 않게 되었다.

개망초

윤기가 좌르르, 옥잠화와 비비추

길을 따라서 반질반질해보이는 잎이 보인다면 그건 바로 옥잠화이거나 비비추일 것이다. 옥잠화와 비비추는 같은 백합과로 구분이 쉽지 않을 수 있다. 꽃이 흰색일 경우는 옥잠화, 보라색일 경우 비비추일 확률이 큰데, 간혹 비비추가 흰색 꽃인

경우도 있지만 대부분이 보라색이다. 잎은 비비추의 잎이 조금 더 길쭉하다. 깻잎을 기준으로 생각하면 쉽다. 잎이 깻잎 모양과 비슷하면 옥잠화이고 깻잎보다 조금 더 긴 듯하면 비비추일 확률이 높다.

호암산 폭포를 지나면 다시 숲길로 진입한다. 호암산 폭포에서부터 석수역까지 2.5km를 가는 여정에서 힘이 들 때쯤 '불로천 약수터'에서 목을 축일 수 있다. '호암산 숲길공원'이 있는 평지로 내려와 시내를 10분 가량 더 걸으면 5코스의 종점인 석수역에 도착한다.

(심채영 숲해설가)

비비추

나무를 죽이는 자 누구인가?

심채영 숲해설가

　사람이 생을 마감하게 되는 이유가 셀 수 없이 많은 것처럼, 나무 또한 고사하는 이유가 다양하다. 그 중 첫 번째 이유는 해충이다. 해충은 나무를 파고 들어가 좀이나 곰팡이를 퍼뜨려 수분, 양분의 이동을 차단하여 고사시킨다. 특히 '외래 병해충'이 유입되는 경우, 초기에는 천적이 없어 큰 피해로 이어질 수 있다. 급격한 기후변화는 이러한 외래 병해충의 정착 가능성을 높인다. 겨울철 기온이 상승하여 나무의 동면 주기가 깨지면서 외래 병해충이 월동에 성공하게 되는 것이다.

　두 번째 이유는 무분별한 농약 살포이다. 앞서 나온 해충으로 인한 피해를 막기 위해 농약을 사용하여 방제(농작물을 병충해로부터 예방하거나 구제)하는 노력을 한다. 하지만 되려 고독성 농약 사용으로 인해 나무가 고사할 수 있다. 이를 위해 친환경 대체 약제 개발 및 방제 기술 신개발 등 새로운 대책을 마련해야 한다.

　세 번째 이유는 열매 및 나무껍질 불법 채취이다. 특정 나무의 수액이나 열매, 껍질 등이 효능이 있다고 알려지면 채취를 위하여 나무를 훼손하는 경우가 있다. 열매 채취 과정에서 흔들리고 부러지는 나무는 영양분을 공급받지 못해 고사한다. 이러한 불법 채취는 불법 벌채로까지 이어지는 경우가 많아 강력한 법적 처벌이 필요하다.

　네 번째 이유는 기후위기이다. 현재 우리가 가장 주목해야 하는 이유이며, 우리의 지분이 제일 많이 들어간 이유라고도 할 수 있을 것이다. 한반도 육지에서 기후위기로 사라진 생물은 여태껏 없었다. 하지만 우리가 사는 현 시대에 기후위기로 인해 사라지는 첫 번째 생물이 나온다면 믿어지는가?

　한반도의 상록침엽수 집단 고사가 최근 심각한 수준에 이르렀다. 상록침엽수에는 대표적으로 구상나무, 분비나무, 가문비나무 등이 있다. 환경단체 녹색연합은 2020년부터 2022년 8월까지 지리산 구상나무 서식지를 관찰한 결과 전체 구상나무 70~90%가 고사했다고 밝힌 바 있다. 국립산림과학원 조사 결과에서도 지난 20년간 침엽수림이 25% 감소했다고 한다. 제주 한라산은 2019년에 구상나무 서식지의 90%가 고사한 일이 있었다. 구상나무의 멸종이 이미 시작된 것이다.

구상나무는 한국에만 있는 생물종으로 우리나라 대표 상록침엽수다. 현재는 트리로 쓰이는 묘목으로 품종 개발되어 전 세계에 퍼져있다. 국내에선 대부분이 고도가 높은 지리산, 한라산, 덕유산에서 분포한다. 2011년에는 세계자연보전연맹(IUCN)에서 위기종으로 분류되었다.

그렇다면 왜 상록침엽수들이 이렇게 죽어가는 것일까? 상록침엽수는 아(亞)고산대(저산대와 고산대 사이로 해발 300m이상, 2,400m 안팎의 지대)에 서식하는데, 아고산대는 기후변화에 따른 기온 상승 폭이 크다. 기온이 상승하면 수분이 부족해지고, 나무의 광합성량이 감소하며 고사로 이어질 수 있기 때문에 아고산대에서 자라는 상록침엽수들은 지구온난화에 특히 취약하다. 나무가 죽으면 토양을 잡아주는 힘이 상실되어 산사태 발생 확률도 높아진다.

실제로 2021년에 상록 침엽수림, 특히 구상나무가 분포되어 있었던 지리산 54곳에서 산사태가 발생한 적이 있었다. 2013년에는 한라산에서, 2022년에는 지리산에서 일어난 구상나무 집단고사 현상이 우리에게 시사하는 바는 무엇일까? 기후변화가 기후위기로, 기후위기가 생태변화를 몰고 오는 기후재앙으로 가고 있음을 경고하는 듯하다. 생태환경 변화는 곧 생물다양성 위기로 이어지며 인간의 삶에 영향을 줄 것이다.

하지만 현재 자연이 보여주는 이 심각한 위기보다도 더 커다란 것은 우리나라에서 배출되는 온실가스 양이다. EMBER(영국 국제 기후 · 에너지 정책 연구소)는 2022년 5월에 석탄 발전으로 인해 배출되는 1인당 온실가스 배출량을 발표한 바 있다. 분석은 EMBER가 지난 3월 발표한 '2022 글로벌 전력 리뷰'와 유엔에서 제공한 통계 데이터를 기반으로 이뤄졌다. 분석 결과 2021년 온실가스 배출량 1위 국가는 호주(4.04톤)이다. 우리나라는 3.18톤으로 전 세계 2위를 차지했다. 이는 세계 최대 온실가스 배출국인 중국(3.06톤), 미국(2.23톤)보다 높은 수치이다. 세계 평균은 1.06톤으로 한국의 3분의 1 수준이다.

또한 2021년 5월, 환경 연구기관인 '기후변화행동연구소'는 국가들이 최근까지 내놓은 온실가스 감축 목표를 모두 이행한다는 가정 아래, 2030년이 되면 '한국의 1인당 온실가스 배출량'이 상위 10개국(2020년 GDP 기준) 가운데 1위가 될 것이라고 분석한 바 있다. 30년, 40년도 아닌 10년 뒤에 한국이 세계 제일가는 환경 악당이 된다는 것이다. 그렇다면 현재 석탄발전으로 인한 온실가스 배출만이 아닌, 나머지 분야를 모두 합산한 온실가스 배출량은 어떨까? '온실가스종합정보센터'가 발표한 자료에 따르면 2022년 기준으로 공식적 국제 비교가 가능한 최신의 정보가 2017년 기준이며, 한국의 온실가스 배출량 순위는 전 세계 11위라고 한다.

배출하는 온실가스의 규모만큼이나 책임감 있는 온실가스 감축 목표를 정부가 설정하고 이행할 수 있도록 국민이 목소리 내고 지켜봐야 할 것이다.

또한 우리들은 기업의 가치를 온실가스 배출량으로 평가하는 관점을 지속해야 한다. 탄소중립을 이행하고 환경을 고려하는 기업이 어디인지, 기후테크(기후위기 해결을 위한 친환경 기술)을 통해 위기를 해결해 나가고자 하는 기업이 어디인지 관심을 갖는 다는 것은, 결국 우리가 가치소비를 할 수 있는 선택권이 늘어나는 것이다.

그리고 생활 속에서 온실가스를 줄이고자 지금처럼 '서울둘레길'이라는 탄소제로 취미에 관심 갖는다면, 매일 매일 조금씩 죽었던 나무들을 해방해줄 수 있을 것이다.

vi. 제6코스(안양천 · 한강)

- **시 · 종점** : 만안구 석수역–강서구 가양역
- **거리** : 약 18.2km
- **소요시간** : 약 4시간 30분
- **난이도** : ★★★ 초급
- **매력 포인트** : #봄날의 벚꽃길 #안양천을 따라 한강으로 #장미공원
- **절약한 탄소** : 4.3kg
- **스탬프 위치** : 석수역 2번 출구 앞, 구일역 1번 출구 앞, 황금내근린공원 화장실 앞
- **교통수단** : 지하철 석수역, 구일역, 가양역
- **탐방** : 조미연 숲해설가

들어가는 말

서울둘레길 6코스는 1호선 석수역 2번 출구로 나와 시작된다. 2번 출구 계단을 내려오면 단번에 스탬프 우체통을 찾을 수 있다. 6코스는 석수역뿐만 아니라 금천구청역, 독산역, 구일역, 도림천역, 가양역(도착지)을 통해 다수의 대중교통으로 접근이 용이하다. 또한 곳곳에 운동시설과 휴게시설, 장미공원 등의 계절에 따라 조성된 공간이 잘 마련되어 있다. 계절에 관계없이 자연 속에서 휴식을 취하기에 좋은 코스이다. 무엇보다 숲길이 대부분인 다른 코스와 달리, 서울의 하천과 한강을 만끽 할 수 있는 코스다. 평탄한 지형으로 난이도가 초급에 해당하여 트레킹 초보자나 어린이와도 함께 걷기 좋은 둘레길이다. 다만 6코스 내에는 편의점이나 카페 시설이 없으므로, 간단한 음료나 커피 등을 텀블러에 미리 챙겨오는 것이 좋겠다.

6코스에는 크게 3가지의 길이 조성되어 있어, 각 길에 따른 다양한 식생을 관찰하는 재미가 있다. 먼저 코스의 진입로이기도 한 둑길에서는 봄에는 아름다운 벚꽃을, 가을에는 화려한 단풍을 만나볼 수 있다. 특히, 봄날에 만개한 벚나무는 무려 10km의 벚꽃 터널을 선사한다. 벚꽃 개화시기에 맞춰 6코스를 찾으면 봄의 정취를 만끽할 수 있다.

6코스의 두 번째 길은 자전거길이다. 큰 경사 없이 전체적으로 완만한 지형인 6코스에는 전 구간 자전거도로가 잘 닦여있다. 가족과 친구와 함께 라이딩을 즐기기에 제격인 곳이다. 주말에는 다양한 연령층의 시민들이 자전거와 함께 이곳을 이용하고, 평일 출퇴근 시간에는 자전거로 통근하는 시민들이 많으며, 한적한 시간에는 취미로 라이딩을 즐기는 시민들이 주를 이룬다.

둑길에서 내려와 자전거 길을 건너면 농구장, 풋살장, 게이트볼장 등 다양한 운동시설이 마련되어 있으며 곳곳에 지자체에서 조성한 장미원과 다양한 화초를 볼 수 있다. 이 구간을 건너서는 안양천을 따라 걷는 하천길이 조성되어 있다. 하천을 따라 걸으며 징검다리를 건너 강 건너편으로 가볼 수도 있고, 하천 근처에서 생활하는 다양한 새와 물고기도 만나 볼 수 있다.

6-1코스, 석수역~구일역

6코스의 시작과 끝을 담당하는 가막살나무와 덜꿩나무

가막살나무는 관목(灌木, 높이 2m 이하로 사람의 신장보다 작고, 원줄기와 가지의 구별이 확실하지 않은 나무)이다. 자생지는 산허리 아래의 숲속이지만, 요즘은 관상수로 공원이나 정원에 많이 심는다. 가막살나무를 '6코스의 시작과 끝을 담당하는 나무'라 하여도 과언이 아니다. 6코스의 시작인 석수역 2번 출구 앞에는 연현 어린이공원이 있는데, 이 공원 울타리 역할을 가막살나무가 담당하고 있기 때문이다. 또한 6코스가 끝나는 지점인 가양역 앞, 황금내 근린공원에도 가막살나무가 군락을 이루고 있기 때문이다.

가막살나무는 덜꿩나무와 헷갈리기 쉽다. 두 나무 모두 관목으로 수형(樹形, '나무모양'이라고도 함, 뿌리 · 줄기 · 가지 · 잎 등의 나무 전체의 형태를 가리키는 말)이 비슷하기 때문이다. 뿐만 아니라, 두 나무 모두 봄에 하얀 꽃을 피우고, 가을에 붉은 열매를 가득 맺으며, 공원에 많이 심긴다. 그렇지만 가막살나무는 초여름인 5월 하순에서 6월초에 꽃을 피우는 반면, 덜꿩나무는 이보다 조금 이른 4월에서 5월 사이에 꽃을 피운다. 또한 가을에 볼 수 있는 붉은 열매의 모

가막살나무

양이 약간 다른데, 가막살나무는 작은타원형인에 반해 덜꿩나무는 아주 동그란 열매를 맺는다. 또한 잎의 모양도 조금 다르다. 가막살나무는 원형에 가깝게 좌우 너비에 큰 차이가 없으나, 덜꿩나무는 세로가 훨씬 긴 타원형의 모양이다.

가막살나무의 이름에는 여러 유래가 있다. '까마귀가 먹는 쌀'이라는 데서 그 유래를 찾기도 하고, '가지가 검다'라는 데서 그 유래를 찾기도 한다. 첫 번째 유래는 초여름에 피는 꽃의 꿀을 까마귀가 좋아한데서 온 듯하다. 그리고 두 번째 유래는 실제로 가막살나무의 가지가 다른 나무보다 훨씬 짙은 색인데서 온 듯하다.

덜꿩나무의 이름은 꿩과 관련된 유래를 지니고 있다. '들에 있는 꿩들이 좋아하는 열매를 달고 있다'는 뜻으로 '들꿩나무'로 불리다가, 지금의 '덜꿩나무'로 자리 잡은 것으로 보인다. 덜꿩나무의 그 이름처럼 가을이 되면 꿩뿐만이 아니라 많은 새들이 나무를 찾아와 열매를 먹으며 쉬어가곤 한다.

6코스를 시작하고 마무리할 때, 가막살나무를 찾아보면 어떨까. 가막살나무는 스탬프 우체통 가까이에 있어 찾기가 수월할 것이다. 또한 백문이 불여일견이라는 말처럼, 주변 공원에서 덜꿩나무를 찾아 가막살나무와의 차이를 직접 비교해보아도 좋겠다. 나무의 섬세한 차이점들이 우리를 더 깊은 자연의 세계로 초대할 것이다.

덜꿩나무

이팝나무와 여름에 꽃을 피우는 나무들

석수역 2번 출구로 나와, 연현 어린이공원을 지나 신안산선 복선전철 공사현장을 지나면 참나리 색상의 서울둘레길 리본이 반갑게 맞이한다. 다리 밑의 그늘에서 다양한 운동시설을 이용하는 시민들과 휴식을 취하는 이들을 지나며, 6코스가 본격적으로 시작된다. 왼편으로는 시원한 안양천과 다양한 식물이 식재된 공원이 한눈에 내려다보이고, 오른편으로는 철도가 지나가곤 한다. 이곳이 바로 둑길이다. 둑길을 봄에 걸으면 화사한 개나리와 벚꽃을 만날 수 있고, 초여름에는 초록 잎들 사이로 하얗게 핀 이팝나무 꽃을 볼 수 있고, 가을에는 들국화를 보며 추억에 잠길 수 있고, 겨울에는 소복이 쌓인 눈길을 걸을 수도 있다.

둑길에 있는 다양한 나무 중에서, 특별히 가장 키가 큰 나무인 이팝나무를 살펴보고자 한다. 이팝나무 꽃은 개나리, 진달래, 벚꽃 등의 봄꽃이 다 떨어져 아쉬운 마음이 들 때쯤 피기 시작한다. 보통 늦봄에서 초여름인 5월 정도에 개화하는 것이다. 이팝나무는 서울 시내에 가로수로도 많이 식재되어 있는데 그 꽃을 보면, 흰

이팝나무

이팝나무

쌀밥같이 작고 하얀 꽃잎이 나무 위에 소복이 얹혀있는 모습이다. 바로 이 모습에서 이팝나무 이름의 유래를 찾을 수 있다. 이팝나무에 꽃이 핀 모습을 멀리서 보면 흰 쌀밥처럼 보인다고 하여 '이밥나무'라 하다가, 이밥이 이팝으로 변했다는 유래가 있다. 또 다른 유래는 꽃이 피는 시기와 관련된 것인데, 앞서 살펴보았듯이 이팝나무의 꽃은 여름이 시작되는 입하(入夏)에 핀다. 이에 따라 입하목(入夏木)이라 불리다가 입하가 연음되면서 '이파', '이팝'으로 되었다는 주장이다. 우리나라에서 이팝나무는 한 해의 풍년을 점치는 나무로도 알려져 있다. 이팝나무에 하얀 꽃이 많이 피는 해에는 풍년이 들고, 꽃이 적게 핀 해에는 흉년이 든다고 믿어온 것이다. 먹을 것이 풍족하지 않았던 시절에 나무에 흰 쌀밥같이 핀 꽃을 바라보며 잠시나마 배고픔을 달래던 이들의 마음이 엿보인다. 다가오는 봄에는 이팝나무를 잘 살펴보자. 그 꽃의 모양이 정말 흰 쌀밥 같은지, 그 꽃이 정말 입하(入夏) 시기 즈음에 피는지 확인해보며 식물을 알아가는 재미를 느껴보자.

나아가 이팝나무처럼 여름에 꽃을 피우는 나무를 살펴보자. 좁쌀밥을 뿌려둔 것 같은 꽃을 피우는 조팝나무, 향긋한 꽃향기를 내뿜는 아까시나무, 가을에 열리는 열매의 모습이 스님이 떼로 몰려있는 것 같다는 때죽나무, 동백기름 대신 쓸 수 있는 작은 열매가 열리는 쪽동백나무, 가을에 잎을 태우면 노란 재가 나온다는 노린재나무 등 많은 나무들이 여름에 꽃을 피운다. 이 나무들은 꽃을 여름에 피운다는 것 말고도 또 다른 공통점이 있는데, 바로 꽃의 색이 모두 하얗다는 점이다. 여름에 꽃을 피우는 이 나무들이 모두 하얀 꽃을 피우게 된 것이 우연의 일치일까? 우연이라기보다 나무가 진화한 결과가 아닐까 싶다. 빈 가지에서 잎이 돋기도 전에 꽃을 피우는 봄꽃을 보면, 노란 산수유와 개나리, 분홍 진달래, 연한 분홍빛의 벚꽃 등 그 색상이 참으로 다양하다. 이 나무들은 들판의 녹음이 짙기는커녕 제 자신의 나뭇잎도 없는 상태에서 피우다 보니, 다양한 색상의 꽃을 피워 벌과 나비의 이목을 끌어야 하기 때문이다. 그러나 여름은 봄과 달리 녹음이 짙어진 계절인 만큼, 꽃을 피울 때 다른 색상보다 녹색의 보색인 흰색으로 꽃을 피우는 것이 가장 유리할 것이다. 온통 초록으로 뒤덮인 여름들판에서 나무들이 벌과 나비의 눈에 잘 띄기 위해 흰색 꽃을 피우도록 진화한 것이 아닐까. 자리를 이동할 수 없는 나무는 자신이 서 있는 환경에 대한 이해를 그 어떤 생명체보다 면밀하게 해내어, 살아남기 위한 전략을 강구 할 것이기 때문이다. 여름에 피는 꽃들이 대부분 하얀색인 것은 우연의 일치라기보다 벌과 나비의 눈에 잘 띄어, 수분에 성공하기 위한 것으로 보인다.

장미정원

6코스의 볼거리 중 하나는 곳곳에 조성된 장미정원이다. 둑길의 이팝나무를 따라 걸으며 자전거길 방향의 제방사면을 보면, 다양한 종류의 장미가 식재된 것을 볼 수 있다. 독산보도교의 경사면에서부터 시작된 장미는 시흥대교 인근에 위치한 금천 한내장미원까지 이어진다. 무려 3,000㎡에 달하는 이 구간의 장미는 5월 말에서 6월초에 절정으로 펴서

장미꽃

가을까지도 계속 피고 진다. 특히 다양한 장미 수종에 따른 이름표와 간단한 설명이 있어서, 설명과 생김새를 이해하는 재미도 쏠쏠하다.

금천구와 더불어 구로구에도 장미원이 조성되어 있다. 구일역을 지나 도림천역 2번 출구 건너편으로 내려오면 구로구 생태초화원이 있는데, 초입에 장미원이 마련되어 있다. 안양천 생태초화원은 물길이 5km, 둔치 너비가 50m로 제법 넓다. 구로구에서는 이 넓은 면적을 활용해 서울 서남권 최대 규모 정원으로 꾸몄다. 구로구 생태초화원은 대지면적만 약 1만 7500㎡에 이른다. 너른 둔치에는 여러 종류의 장미들로 구성된 장미원과 초화원, 창포원, 습지원, 농촌 체험장까지 갖추고 있어, 다양한 볼거리가 마련되어 있다. 다만, 이례적인 폭우가 지나고 찾은 이곳은 봄과 여름의 잘 정돈된 모습과는 사뭇 달랐다. 천길에 심어진 무궁화와 포플러나무에까지 물길이 닿았는지 가지에 건초가 걸려있고 부러졌거나 기울어진 나무가 상당했다. 기후위기에 따른 극심한 가뭄과 폭우를 크게 실감한 2022년도의 여름이었다.

유튜버 입짧은햇님이 유퀴즈 프로그램에서 제철음식을 먹는 이유를, "우리 삶이 제철음식을 언제까지 허락할지 모른다"고 말한 바 있다. '먹언' 정도로 넘길 수 있는 말일수도 있겠지만, 코로나 시대를 겪으며 그 어느 때보다 기후위기를 실감하고 있는 우리세대에서는 명언이 되어 다가온다. 더 미루지 말고 사랑하는 가족과 친구와 함께 아름다운 장미꽃을 눈과 마음에 담고, 푸르른 하늘과 햇살도 만끽해보자.

붓들레아

붓들레아

붓들레아는 긴 꼬리 모양의 꽃을 흰색, 연보라색, 진보라색 등 다양한 색상으로 피운다. 꽃이 7월부터 11월까지 오랜 기간 피는데, 특히 그 향기가 라일락처럼 좋다고 하여 '섬머라일락'이라고도 불린다. 붓들레아의 진한 향기와 많은 꿀에 이끌려 다양한 벌과 나비가 모여 들곤 한다. 또한 붓들레아는 추위와 더위에도 강해서 전국 어디서나 잘 자란다.

붓들레아는 6코스 어디서나 쉽게 볼 수 있지만, 특히 금천 한내장미원 내에 붓들레아로만 조성된 구역이 있어 더욱 자세히 볼 수 있다. 붓들레아는 마전과의 낙엽활엽관목으로 원산지는 중국이며, 키는 1~3m 정도까지 자란다. 부들레야라고도 하는데, 보통은 관목이지만 드물게 초본도 있으며 종류는 약 100여종에 달한다. 가지 끝에서 피는 꽃은 10에서 20cm 사이로, 꽃잎이 4갈래로 갈라지는 작은 통꽃이 모여서 핀다. 달걀형의 열매는 가을에 갈색으로 익어서 2개로 쪼개진다. 붓들레아의 개화시기에 맞춰 6코스를 찾으면, 다양한 종류의 나비도 덤으로 만날 수 있을 것이다.

강아지풀

6코스 어디에서나 쉽게 볼 수 있는 식물을 뽑으라면 단연 강아지풀과 수크령이다. 특히 외떡잎식물 벼목 화본과의 한해살이풀인 강아지풀은, 제 아무리 식물에 관심이 없고 지식이 부족한 사람일지라도 거뜬히 이름을 말할 수 있는 식물일 것이다. 강아지풀이 유달리 친근한 이유는 어디에서나 자라나는 끈질긴 생명력과 그 이름처럼 강아지꼬리를 닮은 귀여운 모양과 이름덕분이지 않을까 싶다. 강아지풀은 아래 부분에서 가지를 치며 누워서 자라다가 비스듬히 서서 높이 20~100cm 정도로 자라며, 여름에 꽃을 피운다. 피침형의 잎은 줄기에 어긋나게 달리며, 통 모양의 이삭은 익을 때 고개를 숙인다. 강아지풀은 연둣빛을 띄는데, 가끔 금빛을 띄는 강아지풀도 있다. 이런 강아지풀을, '금강아지풀'이라고 한다.

6코스에는 강아지풀과 비슷한 생김새를 가졌지만 그 크기가 훨씬 크고, 제방사면을 가득 채운 '수크령'도 쉽게 만나볼 수 있다. 특히 가을철에 6코스를 찾으면 제방사면을 따라 가득 핀 수크령의 모습을 볼 수 있다. 해가 지는 시간에 노을에 비친 수크령의 모습은 장관이다. 강아지풀은 굉장히 흔하고 그 이름에 '풀'자가 들어간 데서 볼 수 있듯이 잡초로 취급받지만, 이와 달리 수크령은 조경을 위해 일부러 식재하곤 한다. 수크령 역시 외떡잎식물 벼목 화본과이지만 강아지풀과 달리 여러해살이풀이며, 줄기와 뿌리의 힘이 매우 세서 비탈면 등에 식재하여 토사유출 및 방지에 쓰인다.

강아지풀

반려동물과 함께하기 좋은 6코스

시흥대교 아래를 지나면 농구장이 있
는데, 이 옆에 반려동물과 함께할 수 있
는 작은 잔디밭과 벤치가 '놀다쉼'이라는
이름의 공간으로 마련되어 있다. 잔디밭
위에 강아지와 자동차 모양을 본 따 디자
인된 벤치가 놓여 있는데, 그 중에서 자

동차 모양의 벤치는 반려동물이 오르내리기 쉽게 디자인되어 있었다. 실제로 6코스에는
반려동물과 함께 산책을 나온 시민들이 많았다. 6코스는 3개의 길로 조성되어 있어 반려
동물과 산책하기 편한 자신만의 길을 선택할 수 있다는 장점이 있다. 또한, 구일역에서 도
림천 역 방면으로는 '안양천 생태체험 교육장'으로 제초작업을 하지 않기 때문에 산책을
즐기는 동물들이 농약 등의 위험으로부터 비교적 안전하게 산책을 즐길 수 있다.

벚나무

겨울을 지나고 만물이 소생하는 봄, 그 가운데 우리의 마음을 제일 설레게 하는 것 중

하나는 봄꽃이 아닐까. 봄을 맞아 벚꽃놀이를 제대로 즐기고 싶다면, 6코스의 벚꽃길을 적극 추천한다. 독산교와 금천교 사이의 둑길에서 시작되는 6코스의 벚꽃길은 1999년에 조성되었다. 그 길이가 무려 2.8km로, 여의도 벚꽃길이 1.7km인 것

벚나무

을 감안하면 상당히 긴 길이이다. 더불어 6코스의 벚꽃 길은 둑길에 조성되어 있어, 둑길 아래로 천길과 자전거길을 내려다보는 재미가 있다. 또한 이 구간에는 벚꽃뿐만 아니라 은행나무와 단풍나무, 개나리도 함께 심겨있어 봄뿐만 아니라 사시사철 자연을 즐길 수 있다. 벚꽃이 지고 나면, 각 지자체 별로 식재한 튤립과 연노랑의 새잎을 내미는 버드나무, 터질 듯한 자주색 꽃망울을 한 아름 머물고 있는 박태기나무도 볼 수 있다. 또한 가을이 되면 개나리가 있던 자리를 노란 들국화가 은은한 향기로 맞아준다.

흩날리는 벚꽃 잎과 파릇파릇한 새잎을 보러 나선 이들을, 우리는 흔히 '상춘객'이라 부르곤 한다. 혹시 그 말의 의미를 생각해 본 적이 있던가. 상춘이라는 표현의 뜻은 무엇일까. 서로 상 '相'자를 써서, '봄을 마주한다'거나 '봄을 바라본다'는 의미일 것만 같다. 하지만 상춘객의 상자에는 상줄 상 '賞'자가 쓰인다. 풀어보면 '봄에게 상을 준다'는 뜻인 셈이다. 이번 봄에는 봄의 경치를 즐기러 나가 인증사진을 찍는 것에 만족하기보다, 추운 겨울을 잘 이겨내고 어여쁜 봄꽃을 피워낸 나무들에게 상주는 마음으로 축하해주고, 삶에 대한 그 노력을 배워보는 것은 어떨까.

벚나무의 종류는 무척이나 다양한데, 대표되는 6종류의 벚나무와 각각의 특징을 살펴보자. 벚나무는 잎이 올라오는 시기와 꽃받침통을 관찰하여 구별할 수 있다. 먼저 올벚나무는 '올' 자가 붙은 그 이름에서도 알 수 있듯이 개화가 빠른 벚나무이다. 특히 꽃받침통이 항아리처럼 통통한 특징이 있다. 다음으로 왕벚나무는 우리 주위에서 가장 흔히 볼 수 있

는 벚나무로, 꽃이 큰 편이며 꽃이 진 다음에 잎이 올라온다. 벚나무와 산벚나무는 꽃과 잎이 함께 보이는데, 벚나무는 2~5개의 꽃자루에서 작은꽃자루 2~5개가 모여 올라오며 꽃 역시 2~5송이가 모여서 핀다. 반면 산벚나무는 나무에서 바로 꽃자루가 올라오며 2~3개씩 핀다. 잔털벚나무는 그 이름에서도 알 수 있듯이 꽃자루와 잎에 털이 있다.

벚나무 종류별 비교

이름	색상	잎	특징
올벚나무	연한 분홍색, 백색	X	개화가 빠르며, 꽃받침통이 항아리 모양에, 꽃자루에 털이 있음
왕벚나무		X	꽃이 큰 편이며, 꽃자루에 털이 있고, 꽃이 먼저 피고 잎은 나중에 올라옴
벚나무		O	꽃자루에서 작은꽃자루가 나오며, 꽃이 2~5개씩 핌
산벚나무		O	벚나무에 비해 꽃자루가 거의 없으며, 2~3개가 피고, 털이 없음
잔털벚나무		O	작은꽃자루와 잎 뒷면, 잎자루에 털이 있음
겹벚나무 (만첩개벚나무)	진분홍, 연분홍, 흰색	O	산벚나무를 육종해 만든 품종으로, 잎이 나온 후 꽃이 피며 다른 벚나무보다 꽃이 늦게 핌. 꽃잎이 여러장

여기서 잠깐, 벚꽃와 매화의 차이를 생각해보자. 매실을 맺는 매실나무의 꽃, 매화는 버찌를 맺는 벚나무의 꽃, 벚꽃보다 한 달 정도 빨리 핀다. 또 다른 차이는 꽃잎의 모양인데, 매화의 꽃잎은 둥그렇지만, 벚꽃잎은 가운데에 살짝 홈이 있다. 또한, 꽃을 받치고 있는 작은 가지 즉, 꽃자루의 길이가 다르다. 매화는 꽃자루가 매우 짧아서 거의 나뭇가지에 붙어있는 듯한 모습을 보이는 데 반해, 벚꽃은 꽃자루가 길다. 마지막으로 매화는 한 곳에서 1~2송이의 꽃이 피는 반면, 벚꽃은 한 곳에서 5~6송이의 꽃이 펴서 더 풍성하게 만개한다.

벚꽃과 매화와 더불어 봄에 피는 '봄꽃'에 대한 상식을 알아보자.

① 대부분의 봄꽃은 성격이 급하다?

개나리, 진달래, 벚꽃과 같은 대부분의 봄꽃은 잎을 내기도 전에 서둘러 꽃부터 피운다. 이 모습을 봄꽃의 성격이 급하다고 생각할 수도 있지만, 전혀 그렇지 않고 오히려 그 반대에 가깝다. 아름다운 봄꽃은 한 순간에 만들어지지 않기 때문이다. 나무들은 한 해 전 여름부터 꽃눈을 만들어가며 봄꽃을 피울 준비를 부지런히 해 둔다. 꽃을 피우는 일은 나무에게 굉장한 에너지가 소모되는 일이다. 그렇지만 아직 들판의 많은 나무들이 빈 가지일 때 부지런히 꽃을 피우면 겨울잠에서 깨어난 벌과 나비의 도움을 비교적 수월하게 얻어 수분을 하기에 용이하다. 나무들은 벌과 나비의 눈에 잘 띄기 위해 분홍색, 노란색, 흰색 등으로 봄꽃을 피우기도 한다.

② 새들도 봄꽃을 즐길 줄 안다?

많은 새들도 사람들처럼 봄꽃을 즐겨 찾는다. 새들도 사람처럼 꽃의 아름다움을 감상하기 위해 찾는 것일까? 새들의 경우, 이와는 조금 다르다. 새들은 꽃의 아름다움보다 꽃에 있는 꿀과 개미 등의 곤충을 먹기 위해 찾는 것이기 때문이다. 특히 꿀을 좋아하는 직박구리는 벚꽃이 만발할 때 벚나무에 거의 살다시피 한다. 내년 봄에는 벚꽃을 감상할 때 직박구리도 함께 만나보도록 하자.

③ 벚꽃 개화시기는 누가 정할까?

벚꽃 개화시기 '발표'는 기상청이 하고, '예보'는 2016년부터 민간 기상정보업체인 케이웨더가 한다. 이를 위해서 인공지능과 빅데이터 등이 활용되는데, 2월~3월의 평균기온, 최저기온, 최고기온, 월 강수량, 일조량 등을 조사한다.

서울의 경우, 종로구 송월동에 위치한 서울기상관측소에서 지정한 왕벚나무가 개화시기를 정하는 기준이 된다. 왕벚나무 한 줄기에 세 송이 이상의 꽃이 피면, 그 날부터 개화시기가 되는 것이다. 문제는 개화시기가 해마다 빨라지고 있다는 것인데, 이는 다들 예상하듯이 지구온난화의 영향이다. 지구온난화가 봄꽃에 미친 영향에 대해서는 뒤쪽 꿀벌에 대한 칼럼에서 조금 더 알아보도록 하자.

잉어 번식 방법

서울둘레길 중에 유일하게 하천이 있는 6코스의 천길을 따라 걸으면 잉어를 만날 수 있다. 1m까지도 자라는 잉어는, 하천 중류 이하의 물살이 세지 않은 큰 강이나 연못과 같이 바닥에 진흙이 있는 곳에 산다. 겨울에는 물속

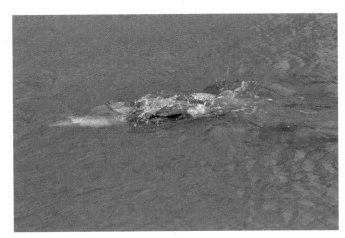

잉어가 산란 · 방정하는 모습

깊이 들어가고 수온이 상승하면 얕은 곳으로 올라오며, 잡식성으로 흙 속의 작은 동물을 먹곤 한다.

잉어는 수온 18-20℃ 사이에서 가장 왕성하게 산란하는데, 보통 한 산란기에 2~3회 하며, 아침 일찍부터 오전 사이에 물가의 잡초가 우거진 곳에 모여 암수가 물 위로 날뛰며 산란 · 방정 한다. 잉어의 산란 기간인 4월 하순부터 6월 사이에 6코스 천길을 걸어보자. 안양천을 잘 살펴보면 잉어의 산란 · 방정 모습을 볼 수 있을 것이다. 암컷 잉어가 앞서가며 물에 산란하면, 수컷 잉어가 그 뒤를 맹렬히 쫓으며 정자를 방출하여 체외수정을 한다. 대부분의 물고기가 이러한 난생을 하는데, 이때 산란한 알이 크기가 작기 때문에 다른 물고기나 포식자의 먹이가 되기 쉽다. 따라서 생존 확률을 높이기 위해서 암컷은 수만 개의 알을 생산하는데, 잉어는 20만~50만개 사이의 알을 산란하며, 알은 3일에서 6일 사이에 부화한다.

6-2코스, 구일역~가양역

구일역을 분기점으로 하여 6코스의 후반부 코스가 펼쳐진다. 구일역 1번 출구에는 빨간 스탬프 우체통 뒤로 초록의 사철나무가 줄지어 서 있다.

사철나무-황금사철나무-줄사철나무

사시사철 푸르른 사철나무는 그 모습이 아름다울 뿐만 아니라 습한 곳에서도, 건조한 곳에서도 잘 자란다. 이러한 특징으로 인해 울타리와 가로수로 많이 식재되어 일상에서 쉽게 만나 볼 수 있는 나무 중 하나다. 늘푸른나무는 나무는 크게 두 종류로 나뉜다. 소나무나 향나무처럼 바늘 모양을 가진 '바늘잎나무'가 한 종류이고, 사철나무와 동백나무처럼 넓은 잎을 가진 '넓은잎나무'가 또 다른 종류이다. 사철나무는 한겨울의 추위에도 그 푸른 모습을 잃지 않으며, 추위가 가시기 전 이른 봄부터 연초록의 어여쁜 새잎을 선보인다. 깊

황금사철

은 겨울, 소복이 쌓인 눈 사이로 진초록의 사철나무 잎을 만나보자. 또한, 사철나무는 부지런도 하여 들판의 다른 나무가 아직 잎을 내기도 전에 연초록의 새잎을 선보인다. 이른 봄에 나온 사철나무의 새잎은 겨울 이전부터 준비해둔 '잎눈'에서 나온 것이다. 길을 가다가 사철나무를 만난다면 가까이 다가가 보자. 가지와 잎겨드랑이 사이에서 작은 잎눈을 발견할 수 있을 것이다. 늘 푸른 자태를 자랑하는 잎과 달리, 6월에서 7월 사이에 피는 사철나무의 꽃은 1cm도 되지 않고, 그 색상도 연둣빛이라 많은 이들이 지나쳐버리기 쉽다. 대신 가을에 붉게 매달려 네 갈래로 갈라지는 열매는 눈에 아주 잘 띈다. 내년에는 계절에 따른 사철나무의 변화를 가까이에서 관찰해보면 어떨까?

줄사철나무

우리가 일상에서 만나는 사철나무는 키가 너무 크게 자라지 않도록 때에 따라 윗부분을 쳐내어 일정한 높이로 관리된다. 그러나 영등포구에서 관리하는 안양천 생태초화원 내에는 키가 3미터쯤 되는 사철나무가 자라고 있다. 사철나무는 관목, 즉 키가 작은 나무이지만 자연 상태에서는 6미터까지도 자란다고 한다.

특별히 6코스는 원예품종으로 개발된 황금사철나무도 있다. 앞서 살펴본, '놀다쉼' 바로 옆에 있고, 또한 6코스 오금교와 고척교 사이에 있는 안양천 캠핑장 외곽에 사철나무가 줄지어 심겨있다. 황금사철나무는 사철나무와 같은 모습이지만, 나무의 윗부분이 뚜렷한 황금색을 띠어 황금사철나무라 이름지어졌다. 또한 덩굴성으로 자라는 줄사철나무도 있다. 줄사철나무는 6코스 전역에서 볼 수 있는데, 다만 눈높이를 낮춰 보아야 발견할 수 있을 것이다. 보통 장미원 근방이나 화초류 주변에 식재되어 있었다.

라임라이트(유럽 목수국)

구일역 앞에는 사철나무와 더불어 나무수국도 쉽게 만날 수 있다. 수국은 일본에서 처음 개발되어 서양으로 가면서 더욱 크고 화려하게 발전되었다. 지금까지도 수국은 장미나 국화처럼 계속 품종개발이 진행되고 있다.

라임라이트

한 송이만으로도 거뜬히 꽃 한 다발의 역할을 해낼 만큼 풍성하게 꽃을 피우는 수국은, 자세히 보면 작은 꽃 여러 개가 모여 한 송이를 이룬 모습이다. 화려한 모습과 달리 향기를 풍기지는 않는데, 보통 무성화(無性花, 수술과 암술이 모두 퇴화하여 없는 꽃)이기 때문에 그러하다. 비록 향기는 없지만, 여름날 크고 풍성한 꽃을 보기 위해 관상용으로 많이 심는다. 수국의 흥미로운 점은 토양의 성분에 따라 꽃의 색이 달리 핀다는 점이다. 토양의 알칼리 성분이 강할수록 분홍빛에 가깝게 꽃이 피고, 산성 성분이 강할수록 파란색에 가깝게 꽃이 핀다. 화산섬인 제주도의 수국이 주로 푸른색인 이유가 여기에 있다. 또 재밌는 점은 그 잎을 자세

라임라이트

히 관찰해보면, '깻잎'과 참 많이 닮았다는 점이다.

6코스에는 다양한 수국 중에, 라임라이트(유럽 목수국)를 자주 볼 수 있다. 주변에서 쉽게 만나는 수국은 축구공같이 둥근 원형이라면, 라임라이트는 원뿔형에 가깝다. 또한 6월부터 8월까지 라임색의 꽃을 피우는데, 크림색을 거쳐 핑크색으로 변색한다. 라임라이트는 토양 성분에 따라 색이 크게 변하지 않고, 항상 라임 색의 꽃을 피우는 듯하다. 꽃의 모습이 크고 탐스러울 뿐만 아니라 꽃대가 튼튼하고, 겨울 추위에도 강하고, 다 자라도 2m가 넘지 않아서 도시공원에서도 자주 볼 수 있다. 유럽 목수국이라고도 불리듯이, 원산지는 네덜란드다. 번식은 주로 삽목으로 하는데, 가지치기하여 바로 흙에 꽂아도 뿌리를 아주 잘 내린다. 6코스에서 계절마다 다양한 색상의 꽃을 선보이는 라임라이트를 만나보도록 하자.

배롱나무와 칠자화 : 수피만으로 나무를 구별

부처꽃과의 낙엽 소교목인 배롱나무의 꽃은 한여름부터 초가을까지 오랜 시간 이어진다. 쨍쨍 내리쬐는 한여름 햇살 아래에서 진분홍, 보라, 흰색 등으로 피워낸 꽃을 오랫동안 지켜내기 때문에 많은 이들의 사랑을 받는 여름 꽃나무다. 배롱나무의 또 다른 이름은 목백일홍인

배롱나무

배롱나무

데, 백일홍은 100일 동안 피고 지기를 반복하여 붙여진 이름이다. 국화과에 속하는 한해살이풀의 백일초를 백일홍이라고도 하는데, 도심의 공원에서도 화려한 자태를 뽐내며 여름 내내 피고 진다. 그렇다면 목백일홍이 어떻게 배롱나무로 불리게 되었을까? '백일홍'이 '배길홍'으로 불리다가, '배기롱'을 거쳐 '배롱'으로 변했다는 유래가 있다. 더불어 백일홍 앞에 붙은 '목'자는 이 나무의 수형을 드러내는 듯하다. 유난히 매끈하고 길게 뻗은 가지의 모양이 마치 목을 길게 빼고 있는 모습 같다.

6코스 곳곳에서 배롱나무를 만날 수 있다. 여름에 6코스를 찾으면, 진분홍 꽃을 피운 이 나무를 아주 쉽게 찾을 수 있을 것이다. 배롱나무는 꽃뿐만 아니라 수피 또한 굉장히 아름답다. 흔히 보이는 다른 나무의 수피와 다르게 독특한 특징을 보이기 때문이다. 배롱나무의 수피는 부드러운 질감에, 베이지 바탕에 붉거나 푸른 무늬를 띤다. 더불어 배롱나무처럼 독특한 수피를 가진 다양한 나무가 있다. 그 중에서 우리 주변에서 흔히 볼 수 있고 친숙한 나무로, 차로 즐겨 마

칠자화

시는 열매를 맺는 모과나무와 그 열매가 산에서 나는 딸기 같다 하여 이름 붙여진 산딸나무가 있다. 이 나무들의 수피 특징만 제대로 알아둔다면, 꽃과 열매가 없는 한겨울에도 이세 종의 나무는 거뜬히 구분할 수 있을 것이다.

나아가 목백일홍과 전체적인 생김새, 곧 수형이 꽤 닮은 나무가 있다. 바로 칠자화다. 칠자화는 한 송이에 7송이의 꽃이 펴서 칠자화라 불리게 되었는데, 서울둘레길 코스 중에 6코스에만 있는 수종이다. 한여름의 더위와 씨름하면서도 화려한 색감의 꽃을 뽐내는 배

롱나무 달리, 칠자화는 이보다 조금 늦게 수려한 흰색 꽃을 피운다. 칠자화 역시 배롱나무 못지않게 독특한 수피를 가지고 있는데 이 수피와 수형, 그리고 붉은 꽃 때문에 목백일홍과 몹시 혼동되곤 한다. 아니, 조금 전에 흰색 꽃이 핀다고 하더니 붉은 꽃이라니 싶을 것이다.

칠자화는 꽃이 2번 피기로 유명한데, 실제로 2번에 걸쳐 개화하는 것은 아니다. 흰색 꽃이 지고 난 자리에 붉은색 꽃받침이 꽤 오랜 기간 자리를 지키고 있는데, 이를 멀리서 보면 꽃처럼 보이기 때문에 꽃을 두 번 피운다고 말하곤 한다. 특히 이 두 수종은 잎이 다 떨어진 겨울에, 꽃대만 남은 모습을 보고 혼동하기 쉽다. 명확한 구분을 위해서는 배롱나무의 탈각되는 무늬 수피를 기억해두고, 칠자화의 꽃송이 모양을 기억해두는 것이 좋겠다.

무궁화와 부용

안양천을 따라 걷다 보면 같은 수종이 반복되어 식재된 것을 볼 수 있다. 바로 키 큰 버드나무와 그 사이로 키 작은 박태기나무, 무궁화, 삼색 버들이다. 이 순서대로 수 km가 이어지는 풍경이 대수롭지 않게 보일 수도 있겠으나 실은 굉장한 정성이 담긴 결과다. 나무를 식재할 때 같은 종류끼리 심어서 작업을 단순화할 수도 있었을 텐데, 좀 더 수고스럽더라도 종류가 다른 나무를 번갈아 식재하여 이 길을 걷는 시민들에게 나무의 다양한 아

무궁화

름다움을 보여주려고 한 노력이 엿보이기 때문이다. 누군가의 수고와 세심한 정성 덕분에 자칫 지루할 뻔했던 천길이 다채로워졌다. 그런데 이토록 아름다운 천길의 나무가 더러 사라졌다. 2022년도 여름에 이례적인 집중호우로 인해 안양천의

부용

물이 범람했기 때문이다. 박태기나무와 무궁화는 물론이고 키 큰 미루나무의 높은 가지에도 범람의 흔적으로 쓰레기와 건초가 걸려있다.

다시 나무 이야기로 돌아와, 버드나무–박태기나무–무궁화–삼색 버드나무 중에 가장 익숙한 나무를 뽑아보자. 아무래도 많은 이들이 우리나라의 국화(國花)로 알고 있는 무궁화를 고를 것이다. 무궁화는 대통령 휘장부터 국회의원 배지, 법원 휘장, 경찰관과 교도관의 계급장 등 정부와 국가기관을 상징하는 많은 곳에 그 문양이 사용되어 왔다. 그러나 우리나라에는 국화(國花) 제정과 공포 등에 대한 뚜렷한 법령 규정이 없기 때문에 무궁화가 국화가 아니라는 입장도 있다. 그러나 무궁화는 앞서 언급하였듯이 정부와 대부분의 사람들이 대한민국을 상징하는 꽃으로 받아들이고 있기에, 국화(國花)에 준하는 꽃으로 인정된다. 구체적으로 무궁화가 국화가 된 배경에는 역사적·문화적으로 깊은 관련성이 있어 자연스레 정해진 것이라는 설(說)이 있다. 조선 말기에 개화와 더불어 당시 선각자인 남궁 억, 윤치호, 안창호 선생 등이 무궁화를 통해 민족의 일체성과 반일 감정을 일깨워 1896년 '독립문 주춧돌 놓기 행사'에서 무궁화가 언급된 애국가가 불리면서 자연스레 나라꽃으로 인식하는 계기가 되었다고 한다. 특히, 일제강점기에 독립투사들이 무궁화가 민족혼을 일깨우고 독립정신을 고취하는 표상으로 삼았기 때문에 그 역사성으로 인해 나라꽃으로서의 의미가 충분하다고 본다.

그럼에도 무궁화가 국화(國花)로서 적격한지에 대한 논쟁이 종종 발생해왔다. 이 논쟁을 표로 정리하면 아래와 같다.

인물 및 시기	입장	이 유
화훼연구가 조동화 1956년 2월 3일자 한국일보	반대	첫째, 무궁화는 38선 이남에 주로 피는 꽃으로 황해도 이북에서는 심을 수 없는 지역적 한정성이 있다. 둘째, 원산지가 인도이므로 외래식물이다. 셋째, 진딧물이 많아 청결하지 못하고 단명한다. 넷째, 모든 꽃들이 움트는 봄에도 피지 않고 품(品·품격)도 빈궁하며 가을꽃 중에서도 제일 먼저 시드는 실속없는 식물이다.
식물학자 이민재 1956년 2월 8일자 조선일보	반대	조씨 의견에 적극 동조 한국 원산종으로 민족을 상징할 수 있을 것, 모양과 이름이 아름다울 것, 민족과 더불어 역사적 애환을 함께했을 것, 되도록 다른 식물보다 이른 계절에 필 것 등을 제시했다.
서울대 농대 염도의 교수	찬성	기록상으로도 1000년 이전에 이미 자생하고 있음이 드러났으며 우리나라는 근역(槿域·무궁화가 많은 땅), 근화향(槿花鄕) 등의 이름으로 불렸다. 또 원산지를 구분할 수 있는 옛 기록이 있는 것도 아니며 이미 토착화된 식물이기 때문에 원산지를 따질 필요가 없다.
서울대 농대 류달영 교수	찬성	캐나다와 같은 위도에서도 꽃이 훌륭하게 피어 있는 것을 보았는데 38선 이북이라고 불가능할 것도 없다. 진딧물도 초봄에 살충제로 한두 차례만 뿌려 방제해주면 흠이 되지 않는다.
식물분류학회장인 최병희 인하대 교수	보류	우리나라에서 자생하는 식물이 3500종이나 되는데 굳이 (외래종인) 무궁화를 국화로 삼아야 하는지에 의구심을 갖고 있다. 개나리, 철쭉, 진달래 등 우리나라 자생식물로 일찍 피고 흔하며 사람들에게 친근한 꽃을 국화로 해야 하지 않을까 생각한다. 통일이 되면 남북이 다시 논의해야 할 사안이므로 지금 당장 국화를 바꾸거나 법제화하는 것은 보류하는 게 맞다.
박상진 경북대 명예 교수	반대	무궁화는 국민 선호도도 낮은 편, 기왕이면 많은 국민이 사랑하는 꽃을 국화로 삼는 게 좋지 않을까.
박형순 산림청 무궁화포럼 회장	찬성	무궁화와 우리나라의 관계는 선사시대까지 거슬러 올라간다"며 "오랜 세월 우리 민족과 동고동락하면서 국화로 인식돼온 꽃을 굳이 다른 꽃으로 바꿀 이유가 없다.
송원섭 전 산림청 임업연구관	찬성	"무궁화는 잘 관리만 하면 100일 동안 한 나무에서 수천 송이가 피고 진다"며 "그런 생명력으로 민족의 혼을 불러일으킨 꽃"
박종욱 서울대 교수	찬성	역사성이 있는 것을 바꾸는 것은 바람직하지 않다"고 주장.

무궁화 국화(國花) 논쟁(출처 : 경향신문, https://www.khan.co.kr) 정리

무궁화의 한자를 살펴보면, 無 없을 무, 窮 다할 궁, 花 꽃 화가 쓰인다. 오랫동안 계속해서 꽃이 피는 데에서 무궁화라는 이름이 붙게 된 것이다. 그 이름처럼 무궁화는 7월부터 9월, 약 100일 동안 한 그루에서 꽃이 피고 지기를 반복한다. 꽃은 이른 새벽에 피어나서 12~15시간 정도 지난 후 꽃잎을 오므리면서 떨어지기 때문에, 꽃 한 송이만을 두고 보자면 '하루살이'인 셈이다. 하지만 한 꽃이 떨어진 후에 새로운 꽃이 피어나는 것을 3개월 동안 지속하기 때문에, 이를 두고 일제 침략과 숱한 수난과 역경 속에서도 굴하지 않고 계속 떨쳐 일어난 우리 민족을 닮았다고 해석하는 이가 많은 것이다. 6코스 곳곳에서 무궁화를 발견할 수 있다. 여름부터 초가을까지 긴 시간에 걸쳐 날마다 새로운 꽃을 피워내는 우리나라의 꽃, 무궁화를 만나보자.

더불어 6코스 곳곳에서 무궁화와 매울 닮은 꽃, '부용'을 만날 수 있다. 휴대전화로 사진을 찍어 어플리케이션에 검색해보면, '하와이 무궁화'라고 나오는 경우가 허다하다. 하지만 그 꽃은 우리가 흔히 차로 마시는 히비스커스인 경우가 대부분이며 목본에 해당한다. 반면, 부용은 초본에 해당하는 식물로서 이와는 아주 다른 식물이다.

캐러멜 향기가 나는 계수나무

무더운 여름 날씨도 삼복더위를 지나고, 처서를 지나면 어느새 다가온 가을에 그 자리를 내어준다. 작열하는 태양 아래서도 지칠 줄 모르고 짙어만 가던 녹음도 선선해진 공기에 하루가 다르게 초록의 기운을 빼내며, 나무들은 서서히 겨울 추위를 대비하기 위한 단계에 들어선다. 특히 봄에 새잎을 내어 가을에 잎을 떨구는 나무를 낙엽수라 하는데, 이렇게 낙엽수들이 잎을 떨구기 전에 선보이는 알록달록한 모습을 '단풍'이라 부르는 것이다.

단풍의 원리를 살펴보자. 식물도 동물처럼 물질대사를 하기 때문에 노폐물이 생긴다. 그렇지만 식물은 동물처럼 배설기관을 갖고 있지 않아, '액포'라 불리는 세포 주머니에 배설물을 모아둔다. 그리고 가을에 잎을 떨구면서 그 액포도 함께 버리는 것이다. 배설물 주머니라 할 수 있는 이 액포 속에 단풍의 비밀이 담겨 있다. 액포 안에는 카로틴, 크산토필, 타닌 같은 색소와 화청소라 불리는 안토시아닌, 그리고 달달한 당분이 들어있다. 이 색소들은 여름 내내 엽록소에 가려져 있다가 기온이 내려감에 따라 엽록소가 녹으면서 겉으로 드러나, 복합적으로 작용하여 단풍의 고유한 색상을 만들어 낸다.

계수나무

그런데 6코스에는 아름다운 단풍뿐만 아니라, 수형도 아름답고, 달달한 향기까지 내뿜는 나무가 있다. 바로, 계수나무다. 계수나무의 잎은 동글동글 귀여운 하트모양이고, 가지가 위로 곧게 뻗어 수형 또한 아름답다. 게다가 잎이 낙엽으로 떨어져 부서질 때 달달한 향기까지 퍼진다. 이 달달한 향기를 누군가는 캐러멜 향기라고도 하고 또 다른 누군가는 솜사탕 향기라고도 표현하는데, 이 향은 잎의 말톨 분자에서 나는 것이다. 실제로 말톨은 설탕을 태워서 캐러멜을 만들 때 방출되는 분자라고 하니, 계수나무가 캐러멜나무(caramel tree)라고 불리는 것도 무리가 아니다. 계수나무는 중국과 일본이 원산지로서, 우리나라에 들어온 시기는 1900년대 초반이다. 국립수목원을 찾으면 우리나라에 처음 도입되어 식재된 계수나무를 만날 수 있다.

많은 이들이 계수나무의 모양새는 잘 모르더라도, 1924년 발표된 윤극영의 동요, '반달'에 등장하는 계수나무의 존재는 알고 있을 것이다. "푸른하늘 은하수 하얀 쪽배엔 / 계수나무 한 나무 토끼 한 마리 / 돛대로 아니달고 삿대도 없이 / 가기도 잘도 간다 서쪽나라로" 그렇지만 동요에 등장하는 계수나무와 우리가 살펴본 계수나무는 전혀 다른 나무다. 동요에 등장하는 계수나무는 중국에서 들여온 목서나

계수나무

월계수 종류일 확률이 크다.

계수나무는 암꽃과 수꽃이 다른 그루에 피는 암수딴그루이고, 잎보다 꽃이 먼저 핀다. 꽃이 잎에 가려져 있지 않음에도 많은 이들이 계수나무의 꽃을 보지 못한다. 꽃이 사람의 눈높이보다 높은 곳에서 피는 까닭도 있지만, 그보다 꽃이 꽃처럼 생기지 않았기 때문이다. 계수나무는 바람의 도움으로 수분을 하는 풍매화다. 대부분의 풍매화는 곤충의 도움으로 수분을 하는 충매화와 달리 곤충을 유인하기 위한 꽃잎 같은 조직을 갖고 있지 않다. 계수나무의 꽃도 암꽃은 가느다란 암술이 3~5개가 나고, 수꽃은 수술이 7개 이상 달리는 정도의 모습을 하고 있다. 따라서 우리가 일반적으로 꽃이라고 알고 있는 모습과 꽃의 형태가 많이 달라 정작 꽃을 보고도 꽃이라고 생각하지 못하여 지나치기 쉽다. 올해 가을 단풍놀이에서는 그 아름다운 빛깔뿐 아니라, 계수나무의 달달한 향기도 누려보기를 추천한다.

꽃댕강나무

꽃댕강나무는 쌍자엽식물 산토끼꽃목 인동과 댕강나무속이나. 공원수나 정원수로 많이 심기는데, 6코스의 둑길에서 아래 자전거길로 내려오는 제방사면 곳곳에 군락을 이루고 있다. 워낙에 관목인데다가 철에 따라 가지가 손질되어 있어 힘들여 눈높이를 높이지 않고도 자세히 관찰할 수 있다.

꽃댕강나무

꽃댕강나무는 1880년 즈음에 낙엽성인 중국댕강나무(A. chinensis)에 상록성인 댕강나무(A. uniflora)의 화분을 받아서 만들어진 상록성의 나무이다. 마주나는 달걀 모양의 잎은 2.5~4cm의 길이이며, 잎 가장자리에는 뭉툭한 톱니가 있다. 달큼한 향기를 내뿜는 종 모양의 꽃은 6월부터 11월까지 길게 피고 지는데, 작은 가지 끝에 원추꽃차례로 달린다. 꽃받침조각은 2~5장이며 붉은 갈색이고 화관은 연분홍빛이 도는 흰색으로, 이 모습을 꽃으로 착각하기도 한다. 4개의 수술과 1개의 암술을 관찰하기도 쉽고, 꺾꽂이로 번식하기 때문에 가정에서도 길러볼 법하다.

나비바늘꽃

나비바늘꽃은 쌍떡잎식물 도금양목 바늘꽃과의 여러해살이풀로, 씨앗모양이 바늘귀를 닮았고, 연한 홍자색의 꽃은 나비를 연상시킨다. 6코스 둑길의 제방사면 여기저기에 군락을 이뤄 꽃피우며 은은한 아름다움을 뽐낸다. 특히 제방사면을 따라 난 좁은 길로 들어서면 나비바늘꽃을 아주 가까이에서 관찰할 수 있다. 나비바늘꽃 역시 여름부터 가을까지 길게 피고 지는 꽃으로, 오래도록 그 은은한 아름다움을 감상하기에 좋다. 나비바늘꽃은 여러해살이풀로, 월동이 가능하며 번식도 쉽다. 씨앗으로도 번식이 잘 되고, 꺾꽂이나 뿌리 나눔으로도 번식이 잘 되기 때문에, 화분에서 키워볼 만하다. 나비바늘꽃의 키는 30~80㎝로 자라고, 달걀 모양의 잎은 마주나며 불규칙한 톱니가 있다. 꽃은 연한 홍자색이며, 꽃잎은 4장이고, 원기둥 모양의 암술을 쉽게 관찰할 수 있다.

나비바늘꽃

노랑코스모스

코스모스

코스모스는 쌍떡잎식물 초롱꽃목 국화과의 한해살이풀로, 멕시코가 원산지이며 그 아름다움을 보기 위해 관상용으로 많이 심겨진다. 코스모스라는 이름은 그리스어의 코스모스(kosmos)에서 유래하였는데, 질서와 조화를 의미한다. 꽃을 관찰해보면 8장의 꽃잎이 질서 있게 피어나는데 과연 그 이름의 유래와 걸맞은 모습이 아닐 수 없다. 국화과의 식물은 봄과 여름에 인내의 시간을 보내다가 비로소 가을에 그 꽃을 피워낸다. 코스모스 역시 청명한 가을 하늘이 드높아지면 가지와 줄기 끝마다 알록달록 다양한 색상의 꽃이 달린다. 코스모스는 한방에서도 활용도가 아주 높은 식물이다. 뿌리를 제외한 식물체 전체를 추영(秋英)이라 부르며,

코스모스

눈이 충혈되거나 아플 때 약재로 쓰이곤 한다. 코스모스와 비슷한 종류로 꽃이 황색인 것을 '노랑코스모스(C. lutea)'라고 하는데, 가을에 6코스를 찾으면 천길을 따라 노랑코스모스가 상당히 넓은 범위에 식재되어있는 장관을 볼 수 있을 것이다.

박태기나무

박태기나무는 속씨식물 쌍떡잎식물강 장미목 콩과이다. 콩과답게 가을에는 콩깍지 모양의 열매를 맺는데, 초가을쯤에 익는 꼬투리 안에는 2~5개의 씨앗이 들어 있다. 박태기나무의 원산지는 중국이지만, 우리나라에서 관상용으로 많이 심겨 진다. 특히 이른 봄에 박태기나무의 남다른 아름다움이 쉽게 드러난다. 많은 식물이 겨울의 추위에 잠들어 있을 때, 박태기나무는 무채색의 들판에서 진한 자줏빛의 꽃눈을 선보인다. 그리고 봄기운이 완연하게 느껴지기도 전에 화려한 자주색 꽃을 선보이는 것이다. 또한, 박태기나무는 심장 모양의 동글동글한 잎을 가지고 있기도 한데, 6코스의 천길에서 아주 쉽게 만나볼 수 있다.

(조미연 숲해설가)

박태기나무

사라지는 꿀벌, 그 원인을 밝혀라!

조미연 숲해설가

봄철이 되면 '사라진 꿀벌'에 대한 기사를 어렵지 않게 마주하곤 한다. 언젠가부터 꿀벌의 실종이나 집단 폐사에 대한 소식을 듣는 것이 대수롭지 않게 여겨지고 있다. 그러나 이는 전혀 대수롭지 않게 여길 일이 아니다. 식량농업기구(FAO)에 따르면, 인류 식량의 70% 이상이 꿀벌의 수분에 의해 생산되기 때문이다. 이 말은 즉, 꿀벌이 사라진다는 것이 식량 위기를 초래한다는 말이다. 물론 꿀벌이 아닌 다른 곤충 중에도 식물의 번식을 돕는 이들이 있다. 하지만 1kg의 꿀을 얻기 위해 4만㎞ 가까이 이동하는 꿀벌의 활동에 비해 그 영향이 미미한 수준이다. 식량농업기구가 꿀벌의 경제적 가치를 연간 2350억~5770억 달러(337조~829조 원)에 이를 것으로 추산했지만, 꿀벌의 가치는 경제적으로 추산하기 어려울 만큼 우리 삶에 필수적이다. 꿀벌의 중요성을 인식한 UN에서는 2017년부터 '세계 꿀벌의 날'을 지정하여, 지구 생태 환경을 위해 보존 가치가 높은 곤충으로 기념해오고 있다.

그렇다면 이토록 중요한 꿀벌이 사라지게 된 원인은 대체 무엇일까? 특히, 2022년 봄과 여름에는 꿀벌 집단 실종 및 폐사 현상이 이례적으로 심각하게 나타났다. 벌꿀 생산량만 보아도 이전 해보다 1/3 수준으로 감소했으며, 전체 양봉농가의 절반 가까이 피해를 보았다. 토종벌은 벌통 하나에 약 1만 마리가 살고, 서양 벌은 약 3만 마리가 사는데, 지난봄에만 80억 마리의 꿀벌이 사라졌다. 이는 전체 꿀벌의 무려 75%에 달하는 비율이다. 꿀벌이 사라지고 있는 현상은 우리나라에만 국한된 것이 아니라 세계적으로 드러나고 있는 현상인데, 이에 대한 원인을 크게 세 가지로 살펴볼 수 있다.

첫째 이유는, 기후위기다. 인류는 산업화시기를 거치며 대량생산과 대량소비를 당연한 삶의 방식으로 받아들였고, 그 결과 자연환경이 엄청나게 파괴되었다. 인류의 자연환경 파괴로 인해 지구의 환경체계는 급격하게 변화하였고, 결국 현시대 사람들은 지구환경과 맞서게 된 '인류세(人類世, Anthropocene)'라 불리기에 이르렀다. 자연환경의 파괴로 인한 기후위기의 여러 현상은 우리 삶에 재앙이 되어 닥치고 있다. 2022년 올해만 해도, 저수지 바닥이 드러나는 가뭄과 살인적인 폭염, 대형 산불과 기록적인 폭우 등 이상기후 현상이 잇달아 발생하였다. 지구가 '탄소 배출 그만해!'라고 외치는 것 같은 이상기후 현상은 우리나라에만 국한되는 이야기가 아닌, 세계적으로 나타나고 있는 현상이다. 나아가 이러한 현상은 인류에게 뿐만 아니라 꿀벌을 포함한 지구상의 많은 생물종에게 더욱 치명적이다.

꿀벌은 동면으로 겨울 추위를 피하고, 봄이 되면 잠에서 깨어나 활동을 시작한다. 그런데 최근 들어 기후위기로 인해 때 이른 봄이 찾아오곤 했다. 겨울잠에 들어있던 벌들은 봄인가 하여 벌통 밖으로 나왔지만, 급격히 떨어지는 기온으로 인해 떼죽음을 당하는 것이다. 또한, 갑자기 기온이 올라 봄꽃들이 순서 없이 일제히 꽃을 피워, 꿀벌이 꿀을 채취할 수 있는 기간이 줄어든 것도 꿀벌이 사라지게 된 원인 중 하나다.

두 번째 이유는, 무분별한 농약 사용이다. 인간이 농경 활동을 본격적으로 시작하기 이전에 본래 들판은 다양한 야생화로 가득했다. 그러나 인간이 농경 활동을 위해 들판의 다양한 야생화를 단일 작물로 덮어버려 꿀벌의 입장에서는 먹을거리가 줄어들게 된 것이다. 이뿐만이 아니라, 인간은 다량의 생산을 위해 살충제를 사용하기 시작했는데 이로 인해 꿀벌이 방향 감각에 치명타를 겪게 되었다. 특히 살충제의 성분 중에, '네오니코티노이드'가 문제였는데 이는 생태계뿐만 아니라 인체에도 유해하다. 문제는 네오니코티노이드가 농경지에서 살충제로 이용될 뿐만 아니라, 지자체마다 공원에서 살충제로 사용하는 대다수의 농약에도 포함되어 있다. 산림청에서 소나무 재선충을 방지하기 위해 항공방제로 살포하는 살충제에도 포함되어 있다는 사실이다. 이 결과 꿀을 찾아 나왔다가 농약으로 인해 방향 감각을 잃고, 집에 돌아가지 못한 채 객사하는 꿀벌이 해마다 증가하고 있다.

마지막 이유는 전자파다. 기술의 발전은 우리에게 동전의 양면과 같아서 편리함과 동시에 유해성을 안고 있다. 특히 전자파는 우리가 늘 지니고 다니는 휴대전화나 텔레비전, 컴퓨터, 전자레인지 같은 가전제품을 포함한 모든 전자제품에서 발생하는데, 전자파는 인체에 그대로 흡수되어 신경세포의 돌연변이를 만들어 암과 뇌종양 등을 일으키는 원인이 된다. 전자파는 인체에 유해할 뿐만 아니라 꿀벌에게도 치명적이다. 2007년 독일 란다우 대학의 논문은, 전자파에 노출된 꿀벌이 집으로 돌아오지 않는다는 것을 밝혀냈다.

꿀벌이 사라지고 있는 이유를 정리해 보면, 결국 인간의 활동이 그 원인으로 드러난다. 비단 꿀벌의 경우만이 아니라 지금과 같은 속도로 지구 평균기온이 1.6℃ 증가하면 지구 생명체의 18%가 멸종할 것이며, 2℃ 증가하면 모든 생명체의 생존이 불가능해진다. 물론 인류도 여기에 포함된다. 그렇다면 이러한 현실에서 우리는 무엇을 할 수 있을까?

우선, 벌레와 친해지는 것이 중요하다. 벌레는 벌목, 잠자리목, 메뚜기목, 집게벌레목, 딱정벌레목 등 총 21목을 가지고 있는데, 다양한 벌레의 생태계를 이해하는 것이 중요하다. 벌레를 마냥 징그러운 혐오의 대상으로 여기지 말고, 우리 생태계의 중요한 역할을 하는 존재임을 인식하고 받아들이는 자세가 필요하다. 이러한 자세가 선행된다면, 공원의 무분별한 살충제 남용 행정에 문제를 제기할 수 있는 성숙한 시민의식이 동반될 수 있기 때문이다.

더불어 농약을 사용하지 않고 키운 유기농 농산물과 식품을 구매하는 것이다. 모양이 조금 작고 반듯하지 않더라도 꾸준히 유기농 농산물을 찾는 소비자들이 많아진다면, 농업의 형태가 점차 농약을 사용하지 않는 방향을 변화될 것이기 때문이다. 나아가 나만의 작은 텃밭과 정원을 가꿔보는 것이 어떨까? 꿀벌이 잠시 쉬어갈 수 있는 휴식처를 제공할 수 있을 것이다.

무엇보다 소비를 줄이는 것이 중요하다. 탄소 발생은 상품이 생산되어 판매되는 데에서 멈추지 않는다. 그 상품이 이용된 후 폐기되는 단계까지 탄소는 계속 발생한다. 따라서 소비를 지양하고, 재활용이나 새활용을 지향하는 삶의 습관을 들이는 것이 가장 중요하다. 나 한 사람의 노력만으로 지구환경을 뚜렷하고 확실하게 변화시킬 수는 없겠지만, 노력을 포기하지 않는 것이 이 시대를 살아가는 이로써 최소한의 책임감 있는 삶의 자세일 것이다.

제7코스 (봉산, 앵봉산)

- **시.종점** : 가양역 3번출구~가양대교~난지생태습지~노을공원과 하늘공원~
  문화비축단지~불광천~봉산~앵봉산~구파발역
- **거리** : 16.6km
- **소요시간** : 6시간 10분
- **난이도** : ★★★ 중급
- **매력 포인트** : 멋진 한강뷰, 생태습지, 하천경관, 서울경관, 참나무 숲길
- **절약한 탄소** : 4.1kg
- **스템프 위치** : 가양동 가양역 3번 출구, 증산 체육공원, 은평 환경플랜트 전
- **교통편** : 9호선 가양역 , 3호선 구팔발역
- **탐방** : 전운경 숲해설가

7코스의 관문은 가양동이
다. 가양동에는 현재의 발전
만큼이나 옛 풍류와 문화가
곳곳에 숨어 있다. 가양역에
서 2km 남짓한 곳에는 궁산
이 있다. 궁산은 표고 75.8m
로 조선시대 양천 고을의 진
산이었다. 한강을 따라 서쪽
의 개화산, 동쪽의 탑산, 쥐
산, 선유봉 등과 더불어 한강
의 남안에 있어 강변의 절경
을 이루었다(서울의 산 서울
특별 시사 편찬위원회). 궁산
의 옛 고구려 성터인 양천고
성도 산 정상에 그 흔적이 남
아있다. 궁산의 정상에는 소
악루가 있다. 겸재 정선은 육
십이 넘어 가양동의 옛 지명
인 양천 현감으로 부임하여
이곳 소악루에서 한강을 그렸
다. 소악후월도 이다. 나지막
한 탑산은 가양동에서 생을
마감한 동의보감의 저자 허준

가양대교로 이어지는 육교

궁산에서 바라본 한강과 서울

정선의 소악후월도

의 이야기가 얽혀 있다. 김
삿갓으로 유명한 당대의 시
인 김병연도 이곳에서 정선
과 풍수를 즐기곤 했다. 이
토록 이곳 가양동 일대는
그야말로 한강을 배경으로
하는 유서깊은 절경의 명소
였다. 궁산이 시작되는 지
점에는 겸재 정선미술관이
있고 인근에 서울에서 유일
한 양천향교가 있다.

위로부터 시계방향으로 겸재정선미술관, 양천향교, 서울양천고성지, 소악루

한강이 가져다 준 습지 난지 생태습지원

가양대교를 건너 철계단을 내려오면 곧 난지 생태습지다. 이곳에서 자전거길을 따라 100여 미터 걸으면 곧 습지의 입구다. 람사르협약의 습지의 정의는 간단히 요약하면 물로 된 지역을 말하며 갯벌, 호수, 하천, 양식장, 해안은 물론 논도 포함하고 있다. 우리나라 에서도 1997년에 최초로 대암산 용늪이 람사르습지로 지정된 이래 24개 지역이 현재 람 사르습지로 지정된 바 있다. 이곳에서 가까운 한강 밤섬은 2012년에, 인접한 고양시의 장 항습지는 2021년에 람사르습지로 지정된 바 있다. 습지는 '생물의 슈퍼마켓'이나 '자연의 신 장'이라는 말이 있듯 각종 생물들의 안식처이며 환경의 정화기능도 가지고 있다. 습지의 기능은 생물다양성보존, 이산화탄소흡수, 기후조절, 홍수조절등 다양한 기능으로 우리 인 간들에게도 혜택을 주고 있다.

습지에서 볼 수 있는 다양한 화초

난지생태습지에서는 조류전망대, 데크등 시설과 연못과 개울, 그리고 넓은 수풀지대가 있어 다양한 체험과 감상을 할 수 있다. 한강을 바라볼 수 있는 무장애 원형데크와 조류

쥐방울덩굴

애기똥풀

꽃다지

조팝나무

전망대 그리고 아늑한 벤치도 배치되어 있어 한낮의 여유로움을 즐기기에 안성맞춤이다. 이곳부터 노을공원으로 통하는 토끼굴 까지는 계절별로 자연이 내뱉은 각종 초화와 곤충이 발길을 잡는다.

봄의 꽃다지는 불꽃놀이를 하듯 노란 꽃잎을 사방으로 퍼뜨리고, 옅은 코발트빛의 큰봄까치꽃도 삼월이면 일찌감치 피어 애원하듯 하늘을 바라본다. 이 꽃은 흔히 사람들이 열매의 생김새를 보고 '큰개불알풀'이라는 오명을 씌어놓았는데 사람들의 고약한 심성을 탓하기보다는 오히려 표현의 솔직함과 유쾌한 해학이 느껴진다. 사월의 조팝나무는 난지습지의 길 안내자인 양 화려한 백색으로 피어난다. 사월에서 오월이면 애기똥풀의 드넓은 노랑의 향연에 봄기운의 따뜻함과 기운이 더하여 삶의 에너지도 느껴본다. 여름에는 또 다른 화초들이 피어난다. 쥐방울덩굴은 꽃은 쥐를 닮고 열매는 방울을 닮았다고 해서 붙여진 이름이다. 쥐방울덩굴의 꽃은 너무도 우아하고 섬세하여 하늘로 날아 오르는 듯 마치 백제의 향로를 보는 듯 하다. 꼬리명주나비는 쥐방울덩굴을 먹이 식물로 하는 대표적인 곤충이다. 그러니 이 곳에서는 쥐방울 덩굴의 꽃과 같이 하늘을 우아하게 비행하는 꼬

쥐손이풀

부처꽃

마름 꽃

마름 꽃 열매

리명주나비를 쉽게 목격 할 수 있다. 곤충은 오랜 세월 동안 각자의 섭식환경에 맞는 식물을 찾아 진화해 왔다. 식물은 곤충의 끈질긴 공격에 대비하여 왔고 곤충은 나름대로 이러한 식물의 방어에 적응하는 과정의 결과라고도 할 수 있을 것이다.

　여름의 쥐손이풀은 잎이 마치 쥐의 손과 같다고 해서 붙여진 이름이다. 작은 5개의 꽃잎을 지지하는 꽃받침의 밸런스가 환상적이다. 꽃과 꽃받침의 조화가 마치 겨울에 내리는 눈울 확대한 아름다운 모습이다. 가을에 피는 금불초와 같이 여름에 피는 부처꽃도 불교와 관련된 이름을 가지고 있다. 예전에 부처님께 드릴 마땅한 것이 없어 이 꽃을 부처님께 바친데서 유래한다고 하는데 부처꽃으로서는 부처의 작위를 빌렸으니 이만한 명예도 없다. 마름의 별다른 치장없이 다소곳이 하얀 꽃잎을 내민 모습이 사랑스럽다. 마름의 열매는 특이하게도 양쪽에 날카로운 뿔이 나 있다. 물새가 날아들 때 물새의 몸에 달라붙기 쉬운 형태를 하고 있어 종족을 퍼뜨리는데 유리하다고 한다. 이럴때는 식물에게도 뇌가 있지 않나 의심해 본다. 오랜 진화의 과정이겠지만 흥미롭고 진기하다. 한 여름 칠월과 팔월의 난지 한강습지는 일년 중 녹음이 가장 짙어진다. 쉬땅나무의 흰꽃과 짙은 보랏빛의 꼬리조팝나무의 수염과 같은 꽃차례는 마치 별들을 만들어내는 먼 우리 은하의 창조의 기둥과 같다. 이곳은 습지인 만큼 나비와 잠자리등 다양한 종류의 곤충이 서식한다. 가을에도 꽃이 만발하다. 금불초(金佛草)는 꽃잎이 빙 둘러 부처가 앉기에 불편함이 없는 모습이어서 붙여진 이름이다. 금불초의 사방으로 뻗은 햇살과 같은 노란 꽃잎은 중생을 치유하는 빛 인듯 하다. 연꽃이야 넓은 잎으로 일찌기 부처님의 연화대를 장식하는 지위를 가지고 있지만 이 작은 풀꽃도 부처를 봉양하는 권위를 가지게 되었다. 쥐꼬리망초는 꽃차례가 쥐의 꼬리를 닮았다 해서 붙여진 이름이다. 이 자홍색의 새끼손톱 보다도 작은 어엿쁜 꽃에는 재미있는 부분이 있다. 꽃을 확대하면 확연한 흰색의 허니가이드가 나뭇가지의 모습으로 큰길을 내고 있는 것이 보인다. 털별꽃아재비의 설상화는 마치 '한푼줍쇼' 라고 하며 작고 하얀 손을 벌리고 호소하는 듯하다. 털별꽃아제비의 흰 꽃잎같이 생긴 것은 꽃잎이 아니다. 혀꽃 이라고도 하고 설상화라고도 하는데 꽃가루의 수분을 원활히 하려고 주변의 곤충을 마치 꽃처럼 보이는 마술을 부리는 것이다. 진짜 꽃은 가운데 집중적으로 모여 있는 많은 꽃 하나하나가 모두 꽃이다. 혀꽃은 시골 서커스단의 호객꾼인 것이다.

금불초

쥐꼬리망초

쉬땅나무

털별꽃아재비

새박

소국

　가을도 기울어가는 시월, 스산함을 느낄 무렵 우리에게 따뜻함을 주는 꽃이 있다. 소국 (小菊)이다. 노랗게 무리를 지어 볕을 반사하고 있는 작은 꽃잎에서 따뜻한 온기가 느껴진 다. 깊어가는 가을 노란 향연을 베풀어 주는 소국에 감사하다. 새알같이 생긴 둥근 박같은 새박의 열매도 줄타기를 하는 듯 가느다란 줄기에 몸을 의지하며 허공에 떠 있다. 줄타기 선수다. 한강습지에 겨울이 오면 온갖 풀들은 자세를 낮추고 저마다 살길을 찾는다. 수목 은 잎을 떨구고 다음 해의 잎과 열매를 위해 이미 겨울눈을 갖추고 추위에 대비한다.

습지에서 볼 수 있는 다양한 수목

　2013년 한국환경생태학회 학술대회논문집에 의하면 이곳에 버드나무가 약 20%로 가장 넓게 나타나고 갯버들이 5%를 약간 밑도는 것으로 나타났다.　왕벚나무, 능수버들, 은사 시나무, 키버들도 자라고 있는것으로 확인된 바 있다. 이밖에 2021년 현재 양버들, 갯버 들, 용버들, 물푸레나무, 느릅나무, 이팝나무, 쉬땅나무, 산수유, 팥배나무, 쥐똥나무, 가 래나무, 비술나무, 가죽나무, 자귀나무, 뽕나무, 배롱나무, 무궁화, 등도 볼 수 있었다. 화 초와 수목이 어울리는 이곳에서는 자연에 몰두할 수 있는 최적의 장소다. 아메리칸 인디 언들은 대자연에서 태어나, 그 자연에서 배우고 취하며 온갖 동식물들과 함께 호흡하는 생활을 하며 지구상의 어느 문명인들보다 행복한 삶을 영위했다. 인디언들은 서로 인사를 주고 나눌 때 '미타구예' 하고 인사한다고 한다. 이 말은 '우리는 다 같은 형제' 라는 뜻이 라고 한다. 인디언들은 살아서 숨쉬고 있는 모든 동식물에 대한 경외를 가졌으며 그것들 을 취하는데 있어서도 필요한 만큼만 가져가는 무소유적 공동체 생활이었다. 문명은 오히려 그들의 행복에 방해가 되는 요소에 불과했다. 난지생태습지에서는 자연에 몰두할 재료가 참 많다. 잠시나마 도시에서 나와 숲에 몰두 할 수 있으면 그 자체로서 행복이다.

갯버들과 키버들

난지한강습지에 봄이 찾아오면 눈부시게 아름다운 갯버들이 추운 겨울을 이겨내고 그 고운 자태를 들어낸다. 그 보드랍고 형용할 수 없는 아름다음에 속이탄다. 강가의 햇빛에 반짝이는 물결이 일렁거리고, 멋진 갯버들과 키버들이 물결 위에 오버랩된다. 그런데 옛 선비들은 이 갯버들이 꽤 나약하고 애처럽게 보였나보다. 늙은 정승들은 한결같이 갯버들과 같이 몸이 쇠약하여 더 이상 조정에 나갈 수 없음을 호소하였다. 그러나 갯버들은 결코 쇠약하지 않고 강인하다. 추위가 아직 누그러지지 않은 이월, 눈

갯버들

키버들

온뒤 얼음으로 둘러싸인 갯버들의 겨울눈은 기어이 추위를 극복하고 꽃을 피운다. 2022년 봄, 갯버들의 꽃망울이 터지기만을 기다렸던 순간들이 떠오른다.

뽕나무와 가래나무의 이야기

난지생태습지에는 뽕나무와 가래나무가 있다. 뽕나무의 상(桑)과 가래나무의 재(梓) 를 합하면 상재(桑梓) 곧 '선조들의 자취가 남아 있는 고향 또는 고향에 계신 연로한 어버이를 가리키는 말'이 된다. 또, 추행(楸行, 가래나무 추)이라는 말은 조상의 산소에 성묘하러 감의 뜻이고, 후손들이 조상의 무덤에 가래나무를 심은 데서 유래한다. 중국 시경에 나오는 이야기로는 뽕나무와 가래나무를 심어서 후손들이 누에를 치거나 가구를 만들 때 사용

하게 했다고 한다. 임금의 관도 재관(梓棺)이라고 해서 가래나무로 만들어 나무의 황재라고도 불리었다. 일성록 정조편에 정조는 '뽕나무나 가래나무만 보아도 반드시 공경하는 마음을 지닌다(한국고전종합DB 일성록)'를 부의 제목으로 삼았다. 뽕나무와 가래나무는 부모가 자식을 사랑하는 마음에서 심어 놓은 것이니 이 나무들을 보면 고마운 부모님도 생각해 볼 일이다. 봄이면 가래나무도 본격적으로 싹을 피울 준비를

겨울눈

한다. 가지의 끝에서 옹기종기 모여 달린 겨울눈은 흥부 자식들이 이불 하나에 옹기종기 모여있는 듯 귀엽고 신비스럽다. 계절이 바뀜에 따라 그 모습을 변해가는 수목을 보면 마치 마술을 보는 듯하다. 우리는 하루도 빠짐없이 식물들이 보여주는 우주서커스를 보고 있다. 신이 창조하였든 자연의 진화적 산물이든 하여튼 놀라운 변화다.

가래나무

뽕나무

노을공원 길

노을공원으로 통하는 토끼굴

만개한 노을공원 길

노을공원에서 바라본 석양

토끼굴에서 나무계단을 오르면 곧 넓은 노을공원의 옆 길가다. 이 길에서 다시 노을공원으로 바로 오르는 계단으로 연결된다. 7코스는 노을공원으로 오르지 않고 하늘공원으로 난 넓은 옆길로 방향을 잡는다. 사월이면 이 곳 노을공원으로 오르는 계단의 초입에 제각각 화려한 봄의 장관을 연출한다. 만첩홍도, 홍매화등이 주변의 개나리와 어울려 혼줄 나도록 꽃의 향취에 푹 빠져들게 한다. 하늘공원까지의 넓게 뻗은 길을 따라 매화나무, 박태기나무, 라일락, 개나리가 보여주는 색의 잔치도 구경거리다. 봄날의 꽃이 만발하면 나비목의 한종류인 박각시도 매화꽃의 꿀을 빨며 분주히 비행한다. 박각시는 초당 50~70회의 날개짓과 시속 50km 로 비행이 가능하다고 한다. 멋진 비행술을 자랑하며 꿀을 빨아대는 박각시도 처음에는 알에서 태어나 애벌레로 그리고 번데기를 거쳐 성충으로 자라는 완전변태를 한다. 곤충은 번데기 기간동안 그야말로 혁신적으로 구조를 바꾼다. 유충은 번데기안에서 날개를 비

비비추

작은검은꼬리박각시

작은검은꼬리박각시

라일락

롯한 성충의 주요 여러 기관들의 빠른 발육을 시작한다. 곤충에는 오랜 진화기관 동안 완성한 이러한 놀라운 성장의 프로그램이 장착되어 있다. 빅뱅으로 인한 우주의 탄생도 그러하거니와 이러한 곤충의 생활사도 못지않게 경이롭게 느껴진다. 노을공원길은 차분히 걸으며 주변의 초화나 수목을 보며 걷기 좋은 코스이다. 초봄이나 늦가을에 벤치에 걸터앉아 마시는 커피한잔은 또 다른 즐거움이다. 하늘공원 초입에는 화장실이 있으니 알아두기로 한다.

박태기나무

하늘공원길

정동의 500년 된 회화나무

여름–하늘공원의 회화나무

노을공원에서 하늘공원으로 사이로 난 넓은 도로에는 회화나무가 가로수로 식재되어 있다. 해마다 팔월이면 웬만한 꽃은 다 지고 녹음만 더해가 꽃이 그리워진다. 이러한 시절에 황녹색의 담백한 꽃이 온 나무를 뒤덮는 회화나무를 보면 반갑지 아니 할 수 없다. 시원스럽게 큰 키에 자유자재로 뻗은 나뭇가지는 용과 같이 구불구불하여 중국의 시인 소식은 괴룡 이라고 표현하기도 했다. 조선 전기의 학자인 황준량의 시 한구절에 "천척되는 회화나무에 잎이 막 피려는데"라고 하여 천척 나무의 높이와 괴룡을 언급한 것을 보면 가히 회화나무의 용모를 짐작케 한다. 정동의 오백년이 넘은 회화나무나 덕수궁의 회화나무, 그리고 창경궁의 회화나무를 보면 정말로 꿈틀거리는 용을 보는 듯 하다. 삼백년이 넘은 덕수궁의 회화나무는 나무 밑둥에 큰 옹두리가 생긴 것을 볼 수 있는데 오래된 회화나무는 상처를 입었을 때 이러한 큰 덩어리 같은 목질이 생긴다고 한다. 회화나무는 Chinese scholar tree 라고 널리 알려졌는데 우리나라에서도 학자수라고 소개하고 있다. 그래서 회화나무는 아무데나 함부로 심는 것이 아니라 궁궐이나 서원, 그리고 향교 및 사찰등 글 꽤나 읽는 사람이 사는 집에서나 어울리는 나무였다. 이러한 것들도 중국에서 그 예를 받아 온 것으로 "예로부터 중국 궁궐 건축의 기준이 되는 「주례(周禮)」에 따라 회화나무를 심었다. 「주례(周禮)」에 따르면 외조(外朝)는 왕이 삼공(三公)과 고경대부(孤卿大夫) 및 여러 관료와 귀족들을 만나는 장소로서 이 중 삼공(三公)의 자리에는 회화나무(槐)를 심어 삼공(三公) 좌석의 표지(標識)로 삼았다고 하며, 이 때문에 회화나무는 삼공 위계(位階)의 뜻으로 사용되기도 하였다고 한다."(문화재청 보도자료 「창덕궁의 뽕나무」, 「창덕궁의 회화나무」천연기념물 지정 2006.4.5.) 그리하여 괴정이니 괴곽이니 괴당이라는 말이 있듯이 회화나무 괴자가 들어가는 다 같은 말로서 삼공인 태사, 태부, 태보가 집무하는 의정부를 가리키는 말이 되었다. 삼공을 삼괴라고도 하였으니 회화나무는 지위 높은 사람에게 비유되기도 하고 위엄있는 건물에 비유되기도 하였다. 사람들이 출세와 존귀함을 나타내는 회화나무를 대접하는 이유다. 이후로 중국의 글 읽는 집안이면 마당에 반드시 회화나무를 심고 자식의 출세를 염원하게 되었다. 마침 중국에서는 과거를 음력 칠월에 치렀는데 이 시기가 회화나무의 꽃이 만발할 때와 정확히 일치하니 응시생들은 회화나무를 바라보면서 큰 뜻을 품었으리라. 회화나무를 수식하는 말 중에 그릇된 것이 없으니 상서로운 길상목이요, 가문이 번창하고 출세의 나무요, 행운을 가져다주는 장수의 나무인 것이다. 그런데 이러한 중국에서 연유된 회화나무의 학명에는 일본이 원산지로 되어있어 의구심이 들게 한다. 회화나무의 학명이 Styphnolobium japonicum (L.) Schott 인데 japonicum은 일본을 뜻하는 라틴어인 것이다. 그러나 오스트리아의 저명한 식물학자인 Heinrich Wilhelm Schott (1794 – 1865)가 일본에 왔을 때 이 나무를 보고 붙인 이름이고 세계의 모든 나라에서는 중국이 원산지임을 밝히고 있다. 회화나무의 일본명칭인 엔쥬라는 말도 본디 중국어로서 말이 변형되어 오늘에 이른 것이다. 그런데 구굴에서 검색하다보면 회화나무가 대개는 Chinese Scholar Tree 와 Japanese Pagoda Tree로 소개되어 지고 있고 간혹은 한국이 원산지로 소개되는 경우도 있다. 원산지가 아닌 것은 일본도 인정하고 있는 듯 하다. 원산지가 어디이든 오랫동안 우리민족과 함께 이야기를 나누어왔던 품격있는 나무이니 볼 때마다 수려함과 기상을 느끼면 그만이다.

봄–유구한 메타세콰이어

7코스의 하늘공원길의 전매특허는 자유로를 따라 시원하게 뻗은 메타세콰이어다. 1978년 난지도가 서울시의 쓰레기 매립장으로 지정된 이래 1993년에 폐쇄되었고, 1999년에 메타세콰이어가 식재된 이래 23년 만에 울창한 숲을 이루었다. 도시민들의 힐링, 휴식처로 각광받는 이유다. 그러나 자유로를 질주하는 자동차의 소음으로 온전한 휴식이 되지 못한다는 것은 매우 아쉬운 부분이다. 도로변을 따라 차유리벽을 세워도 새들이 부딪쳐 자연환경보호에 바람직하지 않다. 서울시에서 잘 연구해서 방안을 마련해 주면 거듭 좋은 힐링코스로 재 탄생하리라 생각한다. 메타세콰이어는 낙우송과의 침엽수다. 이 나무는 살아있는 화석이라고 불리우는데 조상은 자그마치 2억년 전에 등장했다고 한다. 육상식물은 보통 4억 3천년 전부터 발생하고 진화를 거듭해왔다. 인간이 고작 5백만 년을 운운 하는것에 비하면 우리는 늘 식물에 경건한 마음을 가져야 하지 않을까. 그런데 이 나무는 높은 수고에 까지 어떻게 광합성에 필요한 물을 운반 할 수 있을지 걱정이다. 나뭇잎의 기공에서는 증산작용이 일어난다. 그러면 나무는 수분을 잃어 버리게 되고 이때 삼투압이 작용하고 나무의 세포벽과 물분자 간의 부착력이 생긴다. 그러면 밑의 물을 위로 잡아당기는 장력이

메타세콰이어

생기고 물분자 간의 응집력이 힘을 더하여 물을 위로 끌어올린다고 한다. 또 재미있는 것은 높은 나무위까지 물을 끌어 올리기 위해서 메타세콰이어와 같은 침엽수는 활엽수보다 가도관이 좁아 보다 안정적으로 물을 공급할 수 있다고 한다. 그런데 식물이 아무리 커도 중력을 극복하는데 한계가 있으므로 120미터를 넘기는 불가하다고 한다. 또 한가지 의문은 덩치 큰 나무를 먹여 살리려면 떡갈나무와 같은 큰 잎을 가져야 광합성에 유리할 것으로 생각하는데 메타세콰이어의 잎은 작고, 가늘고 길다. 그런데 자세히 보면 비록 잎 하나 하나의 면적은 작으나 수많은 잎들이 가지 가지에 매달려 있어 광합성을 하기에 불리하지 않다라고 한다. 이미 메타세콰이어는 자연에 적응하는 법을 일찍이 터득하였고 이러한 시스템은 유전적인 고착현상으로 나타난 것이라고 한다. 시원하게 뻗은 메타세콰이어가 끝나는 소실점을 따라 길을 걸으면 한폭의 그림 속의 나를 발견하게 된다.

여름-꽃비 흩날리는 모감주나무

메타세콰이어 구간을 지나면 길게 늘어선 모감주나무들의 화려한 쇼에 압도당한다. 모감주나무는 염주나무로도 알려지고 있다. 열매의 종자로 염주를 만들기 때문이다. 육칠월에 피는 꽃은 원추모양의 꽃차례로 온통 주변을 노랗게 물들인다. 꽈리처럼 생긴 열매는 익으면 3개로 갈라져서 까만 종자가 3~6개 생긴다. 서양에서는 꽃잎이 땅에 떨어질 때면 마치 꽃비가 내리는 모습같다고 하여 Golden-Rain Tree라고 한다. 모감주나무의 꽃비는 김영랑이 상실감과 비탄을 노래한 모란이 뚝뚝 떨어지는것에 비할 바가 아니다. 모감주

모감주나무

나무의 제 1경은 모감주나무 꽃이 일시에 피어 있을 때의 장관이다. 2경은 모감주나무의 노란 열매가 매달려 있을 때의 모습이요 3경은 꽃비 내리듯 도로에 채색된 노란 꽃잎이다. 제 할 구실을 다하고 아스팔트에 떨어진 꽃잎에 숙연해진다. 그러나 나무가 꽃을 버리는 것은 새로운 열매의 탄생에 힘을 실어 주는 작용이므로 슬퍼하기 보다는 새로운 탄생에 대한 기대와 희망이 더 크다. 그런데 이 많은 나무들이 어떻게 꽃을 동시에 만개 할 수 있는지가 무척 궁금하다. 수목들은 어떻게 어느 곳에서나 거의 동시에 꽃을 피우는 마술을 부리는 걸까? 식물이 꽃을 피우는 데는 여러 가지 요소가 작용을 한다. 온도는 식물의 개화에 중요한 역할을 한다. 그러나, 식물이 꽃을 피우기 위해서는 광주기가 큰 역할을 담당한다. 식물은 하루 동안의 해의 길이를 측정하고 꽃을 피우는 시기를 결정한다. 어두움의 길이를 파악하여 꽃을 피우는 시기를 결정한다고 해도 틀린 말이 아니다. 식물에는 광수용체인 파이토그램이라고 하는 유전자가 빛을 감지한다. 잎은 이러한 광주기를 인지하는 데 있어서 중요한 기관이다. 그리고 개화유도 호르몬인 플로리겐이 작용하여 꽃을 피운다. 지극히 규칙적인 천체활동의 주기에 식물이 각각 종류별로 광주기를 달리하여 꽃을 피우는 시기를 정확히 결정한다고 할 수 있겠다. 개화는 이밖에 여러 가지 복잡한 요소들의 상호작용에 의하여 일어나는 것이지만 실로 유구한 식물의 신묘한 능력이다. 하늘공원길의 끝자락에서 왼쪽으로 난 흙길을 따라 참나무와 메타세쿼이어가 이어진다. 숲을 빠져나오면 다시 하늘공원길과 만나고 월드컵경기장 방면으로 직진하면 문화비축기지다.

가을—하늘공원의 야고(野菰)

가을이 본격적으로 시작되는 9월에서 시월이면 하늘공원의 억새가 사람들의 발길을 끌어 모은다. 억새도 장관이려니와 억새 밑에서 곱게 피어나는 야생의 야고는 그야말로 숨은 볼거리다. 본디 제주지역에서만

야고 하늘공원

자생하고 있는 희귀식물인데 서울 한복판에서도 감상할 수 있으니 반드시 하늘공원의 야고 꽃을 볼일이다. 야고는 벼과식물로서 억새류의 뿌리에서 기생하는 독특한 식물이다. 엷은 노랑 갈대의 검소한 질감에 어울리는 줄기와 화려하지 만은 않은 흰색, 푸른색 그리고 보라색 조화의 다소곳이 고개 숙인 야고에 숙연해진다. 야고의 생김새는 담배 피울 때의 곰방대와 같이 생겼는데 돌아가신 할아버지 생각이 난다.

문화비축기지, 월드컵경기장

하늘공원에서 문화비축기지는 문화공연, 전시 및 워크숍 등으로 활용되는 공간이다. 수목으로는 무궁화, 라일락, 메타세콰이어, 때죽나무, 느릅나무, 산수유, 찔레등이 식재되어 있다. 코스 이동 중 월드컵경기장으로 들어서서 왼쪽으로 있는 화장실도 이용 할 수 있다. 2002년 뜨거웠던 월드컵경기장의 북쪽 광장을 가로지르면 곧, 불광천으로 이어지는 길이다.

불광천

7코스의 불광천구간은 약 1.4km 의 하천구간이다. 불광천에는 새들이 많이 찾아온다. 청둥오리나 흰뺨검둥오리는 이제는 토착화 된 새인 듯 쉽게 눈에 띈다. 조금의 인내만 있으면 왜가리나 백로가 물고기를 사냥하는 장면도 목격할 수 있다. 논병아리, 해오라기, 넓

적부리, 물닭, 쇠오리, 백할미새 등 많은
새들도 탐조가 가능하다. 시민을 위한
운동기구들도 많이 배치되어 있고 잘 정
비된 자전거 길과 트래킹로는 한강까지
이어져 많은 시민들이 이 곳을 찾는다.
하천가에 드믄드믄 피어나는 화초류와
잘 식재된 장미도 발걸음을 가볍게 한
다. 봄이면 불광천 위의 증산로에 만발
한 벚꽃길도 좋은 코스이다. 7코스 불광

해담는 다리 (아래)

천변의 마지막 지점은 불광천의 명물이자 서울시 50대 명소에 이름을 올린 해담는다리이
다. 이곳은 북쪽의 북한산 11개 봉오리가 모두 보인다고 한다. 특혜다.

수양벚나무

월드컵공원에서 불광천으로 내려와 가까운 곳에 수양벚나무 한 그루가 수줍은 듯 고개
를 숙이고 있다. 국립서울현충원 홈페이지에 의하면 수양벚나무는 당시에 봉림대군이었던
효종이 활의 재료로 사용하기 위하여 청나라에서 가지고 왔다고 한다. 선왕인 인조가 남한
산성에서 내려와 삼전도의 굴욕을 당한 바 있고, 봉림대군 자신도 형인 소현세자와 함께
청나라에 볼모로 곤욕을 치른 바 있어 효종은 국방을 튼튼히 하고 북벌을 계획했다. 화피
(벚나무껍질)는 사사롭게 사고파는 것을 금지 되었던 만큼 매우 중요한 군수품이기도 했

수양벚나무(국립중앙박물관)

다. 수양벚나무의 재질이 탄력이 좋아 활
을 만들기에 적합하고 껍질 또한 감아서
손잡이로 쓰기에 알맞았다고 한다. 화피
는 당시 활을 만드는데 있어 청나라에서
도 조선에 알록달록한 무늬가 있는 화피
를 받칠 것을 강요하여 조선이 곤란을 겪
은 일도 있었다. 정조는 장용용에서 군수

로 사용할 화피를 해마다 준비하기도 하여 군수로 사용할 화피의 중요성을 강조했다. 조선에서 만든 활은 화피로 만든 활인데, 그 활이 조금 짧았으나 화살을 쏘기에 매우 적합했다. 화피는 이 밖에도 약재로도 쓰였고 생활에 필요한 재료 및 풍류를 즐기는데도 좋은 소재였다. 나무의 유래는 차치하고 수양벚나무의 자태는 흐느끼도록 아릅답다.

뽕나무

뽕나무는 귀로 듣는 횟수에 비하여 좀처럼 눈에 잘 보이지 않는다. 솔직히 말하면 보고도 몰랐을 가능성이 더 크다. '누에' '누에고치' '오디' '잠실' 영화 '뽕' "님도 보고 뽕도 딴다" '상전벽해' '비단' '친잠례' '농본사회'를 이르는 '농상農桑' 등 실로 무수히 많은 단어들이 뽕나무와 밀접하게 연결되어 있고 생활사에 중요한 위치를 차지하고 있다. 그러나 도시민은 뽕나무의 열매가 없으면 사실 뽕나무 아래에 하루를 머물러도 알지 못할 수 있다. 사실 뽕나무는 백성들의 생활과 밀접한 관계속에서 예로부터 매우 중요시 여긴 나무이다. 태조실록에 "'농업과 양잠은 의식(衣食)의 근원이고 백성의 생명에 관계되는 것이니, 생략, 첫 봄에는 뽕나무를 심고, 5월 달에는 뽕나무의 열매를 심게 하여 감히 혹시라도 태만하지 말게 할 것이다" 라고 하여 뽕나무 심는 것을 독려했다 . 조선시대에는 궁중에 뽕나무를 심어 왕비가 직접 누에를 쳐 비단을 짜는 등 양잠을 백성들에게 적극 권장했다. 누에는 뽕나무를 식엽상대로 하여 오랜 세월 동안 뽕잎을 섭식해 왔고 아득한 시절 중국황제의 비 서능씨에 의해 우연히 비단을 뽑아내기 시작한 이래 인류문화에 지대한 영향과 공헌을 한 곤충이다. 그래서 누에는 하늘에서 내린 벌레라는 뜻의 천충天蟲 이라는 작호를 받았고 뽕나무도 더불어 신목神木 이라는 칭호를 부여받았으니 가히 뽕나무의 내력을 짐작케 한다. 시집중에서 으뜸이 시경이라고 했다. 시경에 실린 시 상중(桑中)의 마지막 연 한 구절을 감상해 보자.

순무를 뽑으로 간다 매 마을 동쪽까지 / 그 누구를 사모할까 용씨네 맏딸이지 / 상중桑中에서 기약하고 상궁上宮으로 맞아주네 / 기수의 강가에서 배웅까지 해준다네　　　　　(시경강설 이기동역해. 성균관대학교 출판부)

총각이 선망의 대상으로 삼는 장소중의 하나가 뽕밭이고 어느 한 총각의 희망사항을 노래한 시라고 해석된다. 뽕밭의 정서는 중국이나 한국이나 대동소이 한 듯 하다. 특히나 사랑에 얽힌 이야기가 많아 뽕나무를 보는 이들은 무슨 생각을 할까? 초록에서 빨갛게 그리고 다시 검게 익어가는 오디를 바라본다. 바람에 살랑이는 뽕잎이 눈가를 스친다.

봉산

봉산은 높이 209미터의 야트막한 산이다. 봉산은 일명 봉령산 이라고도 하는데 이는 산의 정상 북쪽 방향으로 산세가 마치 봉황이 날개를 펼진 모습에서 유래한다고 한다. 팥배나무 군락지와 편백나무숲은 봉산의 전매특허로 볼거리와 휴식처를 제공한다. 가을에 붉게 익는 팥배나무는 수많은 새들이 애호하는 먹이다. 그래서 봉산에는 새들이 많이 산다. 딱따구리의 거의 모든 종류가 서식하며 겨울에는 개똥지바귀, 노랑지빠귀, 노랑턱맷새 등이 날아오고 여름이면 뻐꾸기, 꾀꼬리, 파랑새가 날아온다. 눈여겨 볼 유적지도 있다. 산 정상의 봉수대는 조선시대 연기를 피워 연락을 취하던 장소를 재현해 놓은 것이다. 증산동 봉산입구에서 가까운 시루봉의 산신제단 아래에는 조선시대부터 수백 년 사용했던 우물이 있다. 고양시

붉게 물든 봉산의 가을

겨울의 봉산 등산길

금빛 찬란한 수국사

무장애 산책로

향동방향으로는 명종때 위세를 떨친 대윤 윤임의 묘가 한적한 곳에 자리하고 있다. 구산동의 수국사는 조선시대의 원찰로서 금박을 입힌 화려한 법당이 찬란하다.

봉산의 수목

참나무는 진짜 좋은 나무라는 의미를 담고 있다. 참나무속의 학명이 Quercus 인데 이는 Quer의 '질이 좋다'라는 의미와 cuez의 '재목'이라는 의미의 합성어이다. 예로부터, 작물이 흉년이면 반드시 참나무의 열매가 풍성하여 백성으로 하여금 배를 채우게 해 주었고 참나무의 풍성한 잎은 사람들에게 좋은 휴식처를 제공해 주었다. 또한 참나무의 열매는 숲속의 여러 동물들이 먹이가 되어 전체적인 숲의 생태를 유지, 조화시킨다. 우리민족은 예로부터 참나무와 매우 밀접하고도 친근한 관계를 유지하여 왔으나 실제로는 참나무에 대해서는 매우 막연하여 관심을 두지 않는 경우가 많다. 봉산과 앵봉산을 방문하여 참나무의 이모저모에 대해서 알아보는 시간을 갖는 것도 매우 의미 있는 일일 것이다.

상수리나무(좌), 굴참나무(우)

상수리나무와 굴참나무 : 상수리나무와 굴참나무는 서로 상이하나 두 나무를 같이 비교 관찰하기에 적합하다. 상수리나무의 수피는 회갈색으로 일견 불규칙하게 보인다. 요철을 두른 듯 한 무늬가 반복적으로 나무 전체에 나타난다. 단편적인 불규칙성은 나무와 거리를 두고 전체를 바라보는 순간 어느새 짜임새 있는 규칙성과 통일감을 가진 멋진 모양으로 변신한다. 무질서속의 질서라는 절묘함이 상수리나무의 수피에 있다. 굴참나무의 나무껍질도 대단한 볼거리다. 두텁고도 육중한 코르크층이 나무 전체를 둘러싸고 있는 모습은 마치 완전무장한 장수와도 같다. 매력적인 굴참나무의 울퉁불퉁하고 압도적인 코르크층의 질감은 굴참나무의 트레이드마크다. 두 나무의 잎도 비슷한 듯 확연한 차이가 있다. 상수리나무의 길고도 점점 날카로워지는 뾰족한 잎은 마치 병사의 창을 보는 듯 예리하다. 반면 굴참나무의 잎은 상수리나무 보다는 짧고 폭은 넓다. 잎의 끝이 비교적 둥굴어 마치 중세 십자군이 사용한 긴 방패와도 같다. 굴참나무의 잎은 잎 뒷면이 확연하게 회색빛이 돌아 녹색의 상수리나무의 잎과 쉽게 구별된다. 상수리나무와 굴참나무는 다른 참나무와 달리 열매가 성숙하는데 2년이 걸린다는 특징이 있다. 수분이 되어 수정을 이루는 기간이 무려 7개월이 걸리기 때문이다. 올해 먹는 상수리나무와 굴참나무의 열매는 이미 작년에 수정되어 올해 본격적으로 자란 열매를 먹는 것이다. 다른 참나무와 구별되는 특이한 현상이다.

신갈나무와 떡갈나무 : 시인 양선희는 신갈나무를 다음과 같이 예찬하고 있다.

몸을 침범하는 벌레를 / 중심을 어지럽히는 곰팡이를 / 속을 갉아먹는 나무 좀을 / 그 속에 둥지 트는 다람쥐나 새를 / 용서하니 / 동공이 생기는 구나 / 바람을 저항할 힘을 선사하는 신갈나무는 우리나라의 대표 수목으로 그 분포지역을 넓혔고 참나무 중에서도 가장 고산성 수목으로 높은 산의 참나무는 신갈나무가 주종을 이루고 있다. 신갈나무의 길게 뻗어 올라간 멋진 은백색의 미끈한 껍질은 신갈나무의 표상이요 앞으로

신갈나무

돌출한 뾰족한 잎은 결승라인의 각축하는 숏트트랙 스케이트 선수의 삐쭉내민 날과도 같다. 떡갈나무하면 그 넓디 넓은 잎일 것이다. 도량 넓은 부처님의 손바닥을 보는 듯한 떡갈나무의 잎은 그야말로 도량 그 자체다. 때로는 신갈나무와 잎의 크기나 생김새가 비슷해 구분이 막연할 때가 있다. 신갈나무 잎은 보다 예리하고 그리고 떡갈나무잎은 보다 둥글고 크다.

갈참나무 : 갈참나무도 넉넉한 잎을 가지고 있다. 간혹, 신갈나무의 잎과 크기와 형태가 비슷해서 구분이 애매할 때도 있다. 갈참나무는 잎줄기가 길고 신갈나무와 떡갈나무는 잎줄기가 매우 짧아 없는 듯 하다. 갈참나무의 수피도 특징적이어서 멀리

갈참나무

서 보아도 알아 볼 수 있을 만큼 수피가 비교적 밝은 회백색으로 일정하게 갈라져있다. 갈참나무의 밝고 환한 색감에 저절로 마음도 밝아진다. 웬지 갈참나무가 언제나 나를 환대 해줄것이라는 믿음이 생긴다. 바람이라도 일순 휙 불어 갈참나무의 잎이 소리를 내면 김소월의 아름다운 시를 떠올려본다.

엄마야 누나야 강변살자 / 뜰에는 반짝이는 금모래빛

뒷문 밖에는 갈잎의 노래 / 엄마야 누나야 강변살자

소월은 나라를 잃은 슬픈 시대에 살았다. 아마도 그가 그린 아름다운 정경은 현실적이지 못한 상상속의 희망의 공간이었을 것이다. 대한민국이 우뚝선 지금, 바로 뒷산에서 들려오는 갈참나무 잎의 바람에 부딪치는 소리가 아마도 소월이 듣고 싶었던 소리 일 수도 있겠다.

졸참나무

졸참나무하면 참나무 중 가장 작은 잎과 길고 가느다란 도토리가 생각난다. 그래도 다른 참나무 크기에 별 다름없이 높이 자라는 나무다. 졸참나무의 작되 잎을 둘러싼 거치는 오히려 수려(秀麗)하다. 마치 설악의 용아장성과도 같이 거칠고 위용이 있어 보인다. 졸참나무의 학명이 Quercus serrata 인데 여기에서 serratas는 라틴어로 '톱니모양'이란 뜻으로 졸참나무의 잎의 형상을 묘사한 듯 하다. 졸참나무의 날칼로운 거치는 영화 벤허를 연상케 한다. 벤허의 유명한 전차경기중 벤허의 친구였던 막살라는 자신의 전차바퀴에 가공할 톱날을 장착하여 상대의 전차바퀴에 닿게 해 전복시켜버리는 장면이 나온다. 졸참나무와 신갈나무는 수피에 흐르는 은백색의 띠가 같아 구분이 어렵다. 겨울에는 가지에 남아 있는 잎이나 주위에 떨어진 도토리의 모양을 보면 가늠할 수 있다.

졸참나무

잎과 열매 그리고 나무껍질로 참나무 쉽게 알아보기

잎		열매	수피	설명
앞	뒤			
상수리 나무				• 잎:창같이 예리 • 열매:털을 가지고 있다 • 수피:요철,세로로 얇게 갈라진틈 이 진흑색
굴참나무				• 잎:뒷면 회색 • 열매 : 상수리보다 털많고 큼 • 수피:코르크
갈참나무				• 잎:긴 잎줄기로 신갈나무와 비교 • 열매:신갈나무보다 매끄러운 껍질
신갈나무				• 잎:뾰족,잎줄기 짧음. • 열매:거칠고 두터운 껍질 • 수피:은빛 띠
떡갈나무				• 잎:톱니가 비교적 둥글다 • 열매:털이 많다 • 수피: 세로로 갈라짐
졸참나무				• 잎 : 예리한톱니.잎줄기는 신갈, 떡갈보다 김. 뒷면은 회색 • 열매:작은 꼬투리에 긴 열매 • 수피:은빛 띠

팥배나무

팥배나무는 이름도 재미있다. 자그마한 빨간 열매는 팥을 닮았고, 앙증스러운 흰꽃은 배꽃을 닮았다. 팥배나무는 미끈한 수피에 훌쩍 큰 나무에 5월이면 숲을 온통 흰 색깔로 물들인다. 일본에서는 이 나무를 저울눈나무라고 부른다고 한다. 잎맥의 간격이 매우 동일해서 붙여진 이름인데 팥배나무의 공정성에 대해서는 다음과 같은 이야기가 전해온다. 주나라 초기의 재상 소공은 공정한 판결을 하기로 유명했다.그는 가는 곳마다 항상 팥배나무 아래에서 현명한 판결을 하여 선정을 베풀어 백성들로 부터 찬사를 받았다. 예나 지금이나 사람들이 신봉하는 가치는 공정인 듯 하다.

팥배나무

이러한 연유로 팥배나무는 중국의 유교경전중 하나인 시경에도 수록되는 명예를 얻었다.

> 우거진 감당나무 자르지도 베지도 마소 / 소백님이 멈추셨던 곳이니/ 우거진
> 감당나무 자르지도 꺽지도 마소/ 소백님이 쉬셨던 곳이니/ 우거진 감당나무
> 자르지도 휘지도 마소 / 소백님이 머무셨던 곳이니
>
> (박상진, 『우리나무의 세계1』, 김영사.)

감당나무는 팥배나무를 뜻하고 소백은 곧 소공이다.

팥배나무의 치우치지 않게 형성된 잎맥과 시경에 수록된 시의 내용은 어딘가 일맥상통하는 곳이 있어 보인다. 그리고 보니 팥배나무의 엽흔 (잎눈이 떨어져 나간 흔적)은 사물을 정확히 간파하려는 듯 지금도 무엇인가 예의주시 하고 있다.

편백나무림과 전망대

봉산에는 편백나무림이 넓게 조성되어 있다. 7코스의 바로 오른쪽에 인접한 광활한 편백림이 무럭무럭 자라고 있어 향후 10년 이내에 서울은 물론 전국적인 힐링의 명소로 자리 잡을 수 있을 것이다. 이미 1만 2천주 이상의 편백이 식재된 바 있고 무장애산책길 조성도 한창이다. 편백나무지대의 전망대에서는 한 눈에 고양과 파주의 경계인 개명산, 북한산을 바라보고 있는 노고산, 그리고 도봉산부터 북한산의 위용이 고대로 들어나는 장쾌하고도 수려한 경관이 한 눈에 들어온다. 서울의 백련산이 코 앞이고 안산, 인왕산, 백악산의 산줄기와 봉오리도 뚜렷하다. 멀리 청계산과 관악산도 조망된다. 이어지는 봉오리들이 수려하고 경관도 빼어나 마치 스트라우스의 알프스 교황곡에 버금가는 한곡의 장쾌한 서울 오케스트라 연주를 듣는 듯하다.

편백림 정자

광활한 편백림

봉산의 전망대

긴 능선을 따라 탁 트인 정상에 도착하면 그동안의 피로가 풀리는 경관이 펼쳐진다. 북한산의 주봉인 백운대를 비롯하여 원효봉, 의상봉이 확연하고 왼쪽의 도봉산과 이어지는 북한산의 수려한 파노라믹한 경관은 가히 압도적이다. 정조는 광릉에 전배할 때 축석령에

봉산에서 바라본 동트기 전의 서울

서 노봉산과 북한산을 보고 봉황과 용이 하늘로 솟구치는 것으로 묘사한 바 있다. 수려한 북한산의 풍광은 예나 지금이나 시대를 뛰어넘어 옛 사람들과의 감상을 공유한다. 봉산정상에는 북한산을 배경으로 개나리, 찔레, 무궁화등 주변 경관과 어울리는 화초가 피어난다. 봉산 정상에서는 북한산부터 고양시에 이르기까지 사방으로 조망이 가능하다. 재현된 봉수대는 조선시대 고양의 봉수대로부터 연락을 받아 안산의 무악봉수대로 이어주는 역할을 담당했다. 봉산 전망대에서 가파른 길을 내려오면 앵봉산으로 잇는 생태다리다.

봉산 정상의 봉수대

봉산에서 앵봉산으로 잇는 생태다리

앵봉산(효경산) - 참나무의 전시장

앵봉산은 세계문화유산 조선왕릉의 서오릉을 품고 있는 낮은 산이다. 서울의 산에서는 "북한산 비봉에서 서쪽으로 뻗은 한 줄기는 향로봉과 불광사 뒷봉오리를 거쳐, 박석고개에서 통일로를 넘어 235.7m의 봉우리를 이룬다. 대동여지도에 효경봉으로 표기되어 있으며, 서오릉의 주산이 된다(서울의 산, 서울특별시사편찬위원회)"라고 소개되어지고 있다. 효경산은 이 곳 갈현동 일대의 박씨 문중에 효자가 많이 나와 붙혀진 이름이기도 하다. 앵봉산은 참나무의 전시장이다. 등산객은 깊고도 그윽한 아름드리의 아름다운 수형을 가진 다양한 참나무

앵봉산 정상

들을 비교하여 볼 수 있다. 앵봉산의 참나무숲은 겨울이 와도 공간을 비워두지 않는다. 두텁고도 빽빽한 참나무 기둥만으로도 숲의 공간을 충분히 감당한다.

오르막-참나무길의 진수

앵봉산의 등산은 봉산에서 이어지는 생태다리를 건너 바로 시작된다. 처음에는 비교적 가파른 길이 이어지므로 서두르지 않고 심호흡을 하며 걷는 것이 좋다. 등산로에 펼쳐지는 여러 종류의 참나무는 마치 참나무의 전시장인 듯 하다. 나무껍질과 잎, 그리고 열매를 비교해 가며 오르다 보면 어느새 그동안 이리송했던 참나무의 구분이 저절로 되는 듯 하다. 뜨거운 여름, 햇빛조차 참나무숲을 뚫고 내려와 그라운드에 터치하기란 미식축구 선수가 홀로 방어망을 뚫고 마지막 앤드존에 터치하는 것보다 힘겹다. 수목 하나하나의 크

겨울에도 숲의 공간을 메우는 참나무길

기가 하늘을 찌르고 저마다의 특색을 고스란히 내어 놓는다. 언덕이 다하면 평탄한 길이 계속된다. 평탄하게 구부러진 참나무숲의 '나'는 행복하다. 온통 두터운 참나무숲이 나를 감싸고 돌면 웬지 마음의 평안함과 안락함이 절로 느껴진다. 아마도 이러한 환경이 아득히 먼 옛날 조상들의 삶의 터전이었으리라. 후손인 우리는 조상의 DNA를 고스란히 물려받았고 이윽고 고향에 온 듯 녹색의 편안함과 아늑함에 위안받는 것이리라. 구월의 참나무숲의 잎은 성한 나뭇잎을 찾아보기 힘들다. 참나무는 숲속의 곤충에게 제 몸을 내어주며 숲을 지키고 또 유지하고 있다. 보살인 듯 하다. 산의 정상으로 가는 길은 서오릉의 경계라 철망으로 쳐져 있다. 시간이 허락하면 서오릉의 숲도 감상할 수 있으나 구역이 제한적이고 능침까지는 갈 수 없다. 물오리나무를 지나고 멋진 질감을 자랑하는 굴참나무도 곳곳에 포진한다. 이 숲을 빠져나가도 굴참나무를 잊지 못하리다. 강약이 조화된 오르고 평탄한 길을 몇차례 반복하면 곧 정상이다. 앵봉산의 정상은 헬기장등 방송 송수신탑이 자리하여 조망이 어렵고 편히 쉴 공간이 없다. 그러나 이곳에서 하산길 오분 안되는 거리에 멋진 전망대가 있어 조망과 휴식이 가능하다.

전망대–서오릉이 한눈에

앵봉산의 조망은 이 곳 전망대가 유일하다고 해도 과언이 아니다. 관악산부터 인천의 계양산 그리고 김포 문수산, 강화도의 마니산까지 파노라믹한 경관이 펼쳐진다. 아스란히 한강의 물줄기도 바다를 향한다. 지나온 봉산과 앵봉산의 능선

앵봉산 전망대에서 바라본 서오릉의 명릉.

이 한눈에 들어온다. 서오릉이 함께하는 울창한 숲과 주변의 아름다운 풍경을 영조때의 문신 채제공도 익릉별검으로 제수된 후 서오릉을 참배하곤 하였는데 앵봉산의 그름낀 경관과 주변의 전원을 노래 한 바 있다.

앵봉산에 아름다운 운기(雲氣) 멀리 뻗었는데/ 제관(祭官)은 말을 타고 새벽길을 바삐 가네 / (한국고전동합 DB)

톱사슴벌레

앵봉산 전망대

서어나무

전망대 바로 밑의 서오릉 명릉도 이곳에서 확인된다. 조선 19대 왕 숙종때 극심한 당파의 정쟁 속에서 시련을 겪다 마침내는 숙종과 나란히 자리를 같이 할 수 있었던 인현왕후의 파란만장한 인생역정이 그려진다. 예로부터 이곳 봉산과 앵봉산 지역은 선대의 왕릉이 있었던 관계로 많은 왕과 신하들이 참배를 위하여 왕래하였던 유서 깊은 곳이었다. 서오릉은 조선의 여러 왕과 신하들이 선왕들의 참배을 위해 찾아온 매우 성스러운 곳인 것이다. 전망대의 오른쪽 귀퉁이에는 졸참나무가 한 그루 서있다. 졸참나무의 매력있는 은은한 은빛 줄무늬와 예리한 작은 잎, 그리고 빵모자에 길쭉한 열매를 가진 모습도 놓치지 말자.

내리막-구파발을 향하여

앵봉산의 내리막길은 경사도 있고 곳곳에 잡석이 있어 반드시 등산화를 착용해야 한다. 참나무는 물론이요 굵직한 팥배나무도 미끈한 피부를 자랑하고 우람한 서어나무는 근육을 짜아내는 듯 몸통을 비튼다. 서오릉의 서어나무의 군락이 이 곳에서 멀지 않아 이 곳까지 퍼진 듯 하다. 봉산의 군락지인 봉산의 팥배나무는 서로 경쟁이 붙어 비교적 몸통이 가느다랗지만 앵봉산의 팥배나무는 제법 몸통이 굵고 키가 훨씬하여 수려한 면모를 보여준다. 내리막길에는 화초가 듬성듬성 피어나 발길을 멈춘다. 팔월의 철망에 피어오른 꽃며느리밥풀은 웬지 가련함을 느끼게한다. 옛날에 마음에 내키지 않는 며느리가 밥을 짓다가 익었는지 설었는지 밥풀 몇알을 입에 넣어 맛보는 중 시어머니가 어른 상에 올리기전에 맛본다

꽃며느리밥풀

고 때려 죽였다고 한다. 후에 억울한 며느리의 무덤에 피어 오른게 이 꽃이라고 한다. 실제로 빨간 꽃잎은 며느리의 입술이요 꽃잎속의 하얀 두점이 밥풀을 닮았다고하니 이야기와 맞아 떨어진다. 숲이 깊으니 곤충들도 간혹 눈에 띈다. 길가의 톱다리사슴벌레는 어디서 나왔는지 엉금엉금 기어 숲으로 다시 들어간다. 고마브로집게벌레는 나뭇잎 뒤에 바짝 붙어서 몸을 감추고 있다. 가파른 길을 거의 내려오게 되면 우람한 신갈나무가 서 있는 넓은 공간에 서울둘레길의 방향을 알려주는 팻말이 있다. 이 곳에서 직선으로 가면 고양시 방면이므로 반드시 우측으로 급하게 난 길로 접어들어 한다. 이후로는 참나무뿐 아니라 오동나무, 팥배나무 등이 섞인 무성한 숲길이 계속된다. 딱따구리의 나무쪼는 소리도 이 곳에서 곧잘 들리곤 한다. 서울둘레길 7코스를 하루만에 완주하는 사람이라면 봉산과 앵봉산의 능선을 넘나들어 피로를 느낄수 있다. 바쁜 발걸음도 한몫 하겠지만 충분한 시간을 가지고 여유롭게 자연을 즐기는것도 추천한다.

(전운경 숲해설가)

서울둘레길에서 만난 조류

전운경 숲해설가

서울둘레길은 울창한 수림은 물론 산이며 강 그리고 들판과 하천등 다양한 풍경을 제공한다. 숲길을 걷는 동안 새들은 다양한 음과 색을 보여준다. 직박구리의 요란한 노랫소리도 숲에서는 불협화음이 아니다. 새소리는 발걸음을 가볍게 하고 마음을 평정하게 해준다. 새들의 다양한 형태와 색상은 새에게서 항상 관심과 흥미를 떨쳐버리지 못하게 한다. 하얀 눈이 쌓인 나뭇가지 위, 청딱따구리의 연두색 날개에 수컷의 빨간 이마에 전율을 느낀다. 푸른 하늘과 빨갛게 익은 팥배나무 열매를 쪼고 있는 개똥지빠귀는 한 폭의 그림이다. 하천 한가운데 서 있는 백로와 왜가리의 인내심에 세상일이 무엇 그리 바쁘랴 발길도 멈춰본다. 한국인의 탐조인구는 2018년 약 천 명가량이라고 한다. 지금은 어느정도 늘었으리라 짐작하지만 귀를 의심할 놀랍게 적은 숫자다. 미국의 경우 U.S Fish & Wildlife Service에 의하면 사천오백만 명에 이른다고 한다. 일본도 약 백만 명 정도가 새에 흥미를 느끼고 있는 것으로 보인다. 새의 복잡하고도 오랜 진화과정을 이해하지 않더라도 수억 년의 세월이 만들어낸 이름답고 놀라운 창조물에 관심을 두지 않을 이유가 없다. 새가 육식공룡의 후예이며 우리는 매일 다양한 공룡을 보고 있다고 한다면 새에 관심을 더 가질수 있을까. 새의 놀라운 시력과 청각, 그리고 후각능력을 이해하고 무엇보다도 새의 혁신적인 깃털의 경이를 조금이라도 알고나면 아마도 새에 심취할 수 있는 시간을 앞당길 것이다. 최근에는 자연 서식지의 파손과 손실 등 기후 변화에 의한 새의 개체수가 감소하고 있다고 한다. 밖으로 나가 오랜 지구의 살아있는 유산인 새를 관찰하면서 자연과 함께 하루를 즐겨보자. 강물이 유유히 흐르듯 물새들은 몹시도 한량하고 여유롭다. 여기에 실린 사진들은 초보 숲해설가의 미량의 척박한 사진이나 지난 1년간 서울둘레길과 주변을 보고 촬영한 결과물이므로 독자 여러분의 양해도 같이 구한다. 새의 이동에 따른 텃새와 여름철새 및 겨울철새 그리고 나그네새로 각각 표기하였다.

개똥지빠귀_겨울철새

검은등할미새_텃새

고방오리_수컷_겨울철새

곤줄박이_텃새

괭이갈매기_텃새

까치_텃새

꾀꼬리 _여름철새

꾀꼬리_여름철새

꿩_까투리_텃새

꿩_까투리와 꺼벙이_텃새

꿩_장끼_텃새

넓적부리_ 수컷_겨울철새

노랑딱새_나그네새

노랑지빠귀_겨울철새

노랑턱멧새_텃새

논병아리_텃새

대백로_겨울철새

동고비_텃새

동박새_텃새

되새_겨울철새

딱새_수컷_텃새

딱새_암컷_텃새

때까치_ 텃새

때까치_텃새

말똥가리 _ 겨울철새

말똥가리_겨울철새

멧비둘기_텃새

물까치_텃새

물닭_겨울철새_여름철새

물총새_여름철새_텃새

민물가마우지_겨울철새_텃새

바위종다리_겨울철새

박새_수컷_텃새

박새_암컷_텃새

백할미새_겨울철새

붉은머리오목눈이_텃새

비오리_숫컷_겨울철새

비오리_암컷_겨울철새

쇠딱다구리_텃새

쇠박새_텃새

쇠백로_여름철새_텃새

쇠오리 수컷_겨울철새

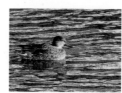
쇠오리_ 암컷_겨울철새

쑥새_겨울철새

아물쇠딱다구리_텃새

어치_텃새

오목눈이_텃새

오색딱다구리_수컷_텃새

오색딱다구리_암컷_텃새

왜가리 _여름철새_텃새

왜가리_여름철새_ 텃새

유리딱새_수컷_나그네새

유리딱새_암컷_나그네새

중대백로_여름철새_텃새

직박구리_텃새

진박새_텃새

참새_텃새

청둥오리_ 수컷_겨울철새_
텃새

청둥오리_ 암컷_겨울철새_
텃새

청딱다구리 _수컷_텃새

청딱다구리_암컷_텃새

큰기러기_겨울철새

큰부리까마귀_텃새

큰오색딱다구리 _수컷_텃새

큰오색딱다구리_암컷_텃새

파랑새_여름철새

해오라기_여름철새

흰배멧새_나그네새

흰뺨검둥오리_텃새

흰죽지_암수_겨울철새

힝둥새_겨울철새_나그네새

235

서울둘레길에서 만난 곤충

숲에 사는 각종 곤충도 숲의 다양함을 넓혀준다. 한 마리 나비가 나풀나풀 신기에 가까운 활공을 한다. 외계의 UFO도 이러한 곡예비행은 불가능 할 것이다. 고려말 민사평의 급암시집에 '다투어 꽃송이에 들어가는 건 어지럽게 나는 미친 듯한 나비요 / 爭入花房狂蝶亂'(한국고전종합DB 급암시집 제2권) 라는 한 줄의 시구대로 나비의 곡예에 가까운 현란한 비행은 경외를 느끼게 한다. 경외는 곧 힐링이다. 딱정벌레의 알에서 애벌레 그리고 번데기에서 다시 성충으로 변신하는 놀라움은 곤충의 기원이 3억5천만 년 전의 긴 시간을 차치하더라도 신비스러움을 감출 수 없다. 우리 인간의 기원은 고작해야 오백만 년을 운운하고 있다. 숲길을 걸으며 만나는 새들과 곤충과의 만남은 먼 과거의 흔적을 보는 것이다. 서울둘레길을 걸으며 두터운 수림에서 내뿜는 상쾌한 공기와 곳곳의 아름다운 경치, 그리고 숲길에서의 새들과 곤충의 조우는 최고의 즐거움과 기쁨을 선사한다.

나비목 : 나비에 이끌리는 첫째 이유는 날개에 보이는 다양하고 아름다운 색채의 조화 때문일 것이다. 나비의 다양한 색깔은 나비가 가지고 있는 고유의 색소 때문이 아니다. 나비 날개에는 나노구조의 구조색이 있어 빛이 나비의 날개에 닿을 때 다양한 색깔을 내보내게 한다고 한다. 미세한 구조색의 배열은 색을 변화시키며 보는 각도에 따라서도 달리 보인다고 한다. 나비의 이러한 다양한 색깔은 서로 다른 많은 나비의 종구별을 쉽게 하여 종족 번식에도 중요한 역할을 한다. 또, 나비 날개의 문양이 포식자로부터 경계심을 가지게 한다고 한다. 물결부전나비의 포식자를 혼동케 하는 날개끝의 눈알 모양과 더듬이 같은 실모양이 마치 포식자가 머리로 알고 공격할 때 나비의 생존을 보존할 수 있다고 한다. 수컷 나비의 색상은 화려한 편인데 이는 암컷에게 구애할 때도 요긴하게 사용된다. 나비를 좋아하는 또 다른 이유는 우아하고도 곡예에 가까운 비행술에도 있다. 숲속의 무성한 나뭇가지와 잎사귀를 피해 가며 현란한 비행술을 보여주는가 하면 바람에 날개를 쉬게 하며 활공하는 우아함의 극치도 보여준다. 나비의 대롱 입과 멋진 더듬이도 나비를 찾는 이유다.

나비목

갈고리박각시_박각시과

굴뚝나비_네발나비과

긴꼬리제비나비_호랑나비과

꼬리명주나비_호랑나비과

남방부전나비_부전나비과

네발나비_네발나비과

노랑나비_흰나비과

대만흰나비_흰나비과

멧팔랑나비_팔랑나비과

물결부전나비_부전나비과

배추흰나비_흰나비과

부처사촌나비_네발나비과

사향제비나비-애벌레-호랑나비과

산호랑나비_애벌레_호랑나비과

암먹부전나비_암컷_부전나비과

애기세줄나비_네발나비과

왕자팔랑나비_팔랑나비과

왕팔랑나비_팔랑나비과

은줄표범나비_수컷_네발나비과

은줄표범나비_암컷_네발나비과

작은검은꼬리박각시_박각시과

작은검은꼬리박각시_박각시과

작은멋쟁이나비_암컷_네발나비과

제비나비_호랑나비과

제일줄나비_네발나비과

줄점팔랑나비_팔랑나비과

청띠신선나비_네발나비과

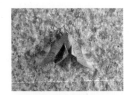
콩박각시_박각시과

콩박각시_애벌레_박각시과

큰멋쟁이나비_네발나비과

큰주홍부전나비_수컷_부전나비과

큰주홍부전나비_암컷_부전나비과

큰흰줄표범나비_암컷_네발나비과

호랑나비_호랑나비과

흑백알락나비_네발나비과

흰줄표범나비_네발나비과

잠자리목: 잠자리는 어떠한 생물 이상의 곡예비행사다. 급선회, 급상승, 정지 비행등 상하좌우의 현란한 비행은 잠자리의 특허다. 잠자리는 유충 때부터 공격수의 면모를 보여준다. 잠자리유충의 기다리기 전술은 에너지를 덜 소비하면서도 사냥 성공률이 높다. 성충인 잠자리도 기다리는 전술을 많이 사용한다. 식물의 적당한 높이에 앉아 기다리다 먹이가 나타나면 순식간에 먹이의 방향을 예측하고 빠르고 정확한 비행으로 먹이를 낚아챈다. 왕잠자리의 최고 속도는 시속 100km에 이른다고 한다. 거의 360도를 볼 수 있는 잠자리의 겹눈은 이지스함의 레이다와 같이 주위를 탐색한다.

잠자리목

검은물잠자리

고추좀잠자리

깃동잠자리

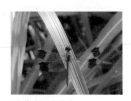
날개띠좀잠자리

된장잠자리   두점박이좀잠자리   들깃동잠자리   등검은실잠자리

물잠자리(암)   밀잠자리_수컷   밀잠자리_암컷   방울실잠자리

벌목 : 벌의 종류는 13만 여종에 이른다고 한다. 벌은 인간에게도 매우 유익한 곤충이다. 세계적으로 100대 농작물이 세계 식량의 90%를 담당하는데 이중에서 70%는 꿀벌이 수분을 돕고 있다. 벌은 초당 230회의 날개짓을 한다고 한다. 1초를 230번으로 나누어지는 속도를 상상할 수 있을까 ? 이는 마치 빛의 속도인 10광년의 길이가 얼마나 되는지 가늠할 수 없을 만큼의 혼동스러운 능력이다. 꿀벌은 의사소통의 수단으로 동료들에게 춤을 추어 방향과 거리를 알려준다고 한다. 0.1g 정도의 무게에 불과한 꿀벌의 능력이 신통하다.

벌목

꿀벌   식크맨나나니   어리호박벌   장수말벌

황띠배벌

노린재목 : 노린재는 번데기과정을 걸치지 않는 불완전변태의 곤충이다. 노린재는 길다
란 침을 배밑에 감추어 두고 먹이감의 체액을 빨아먹는 곤충이다. 노린재는 디자인계의
거장이다. 노린재의 다양한 형태와 색 그리고 무늬는 보는 이를 매료시킨다. 하나의 노린
재를 보면 또 다른 노린재를 보고 싶어하는 이유다.

노린재목

갈참나무노린재

광대노린재약충

뒷창참나무노린재

변색장님노린재

변색장님노린재

썩덩나무노린재

얼룩대장노린재

얼룩주둥이노린재

에사키뿔노린재

장님노린재

큰광대노린재_출판

큰허리노린재

털장님노린재

홍비단노린재

딱정벌레목 : 딱정벌레는 알–유충–번데기–성충의 과정을 거치는 완전변태의 곤충이다. 번데기에서는 어떤 일이 벌어지는 것일까 ? 번데기 안에서는 유충때 미처 발달하지 못한 성충의 각 기관들이 급속도로 발육하게 된다. 날개의 형성이 대표적인 것이며 그밖의 다른 기관들의 크기나 복잡계도 증가한다. 이러한 과정은 호르몬의 작용을 수반하는 정교하게 짜여진 프로그램에 의해 진행된다. 딱정벌레는 전체 곤충 종류의 3분의 1을 차지하는 큰 무리이다. 딱정벌레의 오랜 생존의 비결은 작은 몸집(멸망한 공룡을 생각해 보자)에 튼튼하고 딱딱한 외벽을 가진 겉 날개로 무장하고 비행을 할 수 있는 이동성까지 갖춘데 있다. 과학적 분석이나 진화가 어찌되었건 매우 특징적인 형태를 가진 딱정벌레는 보는 이를 매료시킨다. 장수풍뎅이의 뿔에 숨을 멈추고 톱사슴벌레의 톱날에 무릎을 친다. 하늘소의 멋진 길다란 더듬이는 마치 수묵화로 난초를 휘익 그어 논 듯 하다. 오늘은 멋진 하늘소가 보고 싶다.

딱정벌레목

버들하늘소

장수풍뎅이

톱사슴벌레

흰점박이꽃무지

viii. 8코스 (북한산 · 도봉산)

- **시 · 종점** : 은평구 구파발역(3번) – 도봉탐방지원센터, 도봉산역(1호선, 7호선)
- **거리** : 약 33.7 km
- **소요시간** : 약 16시간 30분
- **난이도** : 중급
- **매력 포인트** : #도심과 숲길이 어우러져 북한산과 도봉산을 품는 도보여행 서울에서 가
  장 높은 북한산(837m)과 두 번째인 도봉산(740m)조망
- **절약한 탄소** : 8.4kg
- **스탬프 위치** : ①선림사 옆 ②북한산생태공원 ③형제봉입구
  ④북한산 흰구름길 시작점 ⑤왕실묘역길 시작점 ⑥도봉탐방 지원센터
- **교통수단** : 시작점 3호선 구파발역과 종점인 도봉산역(1, 7호선)
  평창동길 – 종로지역 마을버스로 진입가능
  북한산 은평구 지역 – 3호선 구파발역,불광역 6호선 독바위역
  북한산 강북구 지역 – 우이신설선(우이역, 4.19민주묘지역, 화계역, 솔샘역)
  4호선(수유역, 미아역)
  도봉산 도봉구 지역 – 1호선 도봉역, 도봉산역
- **탐방** : 안준민 숲해설가

도심에서 숲길로 이어가는 마지막 8코스

서울둘레길 156.5㎞의 마지막 구간인 8코스는 은평구의 봉산을 지나 앵봉산 끝자락인 구파발역에서 이어 받아 시작된다. 서울둘레길 최북단 지점이자 시작점과 종점인 도봉 탐방지원센터와 도봉산역까지 이르는 구간이다.

서울둘레길의 마지막을 담당하는 구간답게 가장 길고(33.7km) 가장 많은 5개 행정구역을(은평구, 종로구, 성북구, 강북구, 도봉구) 지나게 되어 있다. 북한산과 도봉산이 자리 잡은 서울의 북서 지역을 지나면서 서울에서 높이로 1등, 2등인 북한산(837m)과 도봉산(740m)을 감싸 지나고 있다. 대부분의 산은 들머리지점에서는 정상 조망이 힘들기에 본 코스에서 두 개 산의 정상을 동시에 조망할 수 있음은 8코스만의 큰 특징이라 할 수 있다.

북한산과 도봉산 중간인 도봉옛길 전망대에서는 1구간의 수락산(638m)과 불암산(508m), 2구간의 아차산(287m) 서울의 중심 남산(262m)을 지나 보이는 관악산(632m) 조망도 가능하다. 북한산이나 도봉산 정상까지 가지 않아도 서울의 주요 산들이 보이는 파노라마 뷰가 있는 8코스는 서울 둘레길의 전체적인 마무리를 할 수 있는 흥미로움이 가득한 탐방이 될 수 있을 것이다.

서울둘레길 공식안내상의 난이도는 중급으로 표기되어 있으나 단기 완주를 목표로 한다면 난이도는 상향될 수도 있다. 8코스의 난이도 중급수준 판단에는 소요 시간 16시간 30분은 미적용 된 듯하다. 시간적 소요 부분을 감안 한다면 난이도는 상향조정이 필요하지만 교통접근성을 참고하여 나누어 걷는다면 중급 코스로 충분히 즐길 수 있는 매력적인 코스이다.

둘레길의 들머리와 날머리를 자유롭게 해주는 다양한 교통 근접성은 서울 둘레길의 장점임을 입증하기에 8코스는 대표적이다. 크게 나누자면 북한산의 서쪽지역(은평,종로)과 동쪽지역(성북, 강북, 도봉)으로 구분하고 각 코스별로 시작과 종료 가능한 교통 연계점만 파악한다면 가장 흥미로운 길이 될 것이다. 이 길은 북한산국립공원 둘레길과 공유되어 있기에 각 구간 초입 부분에서는 정상을 향하는 등산객들과도 만나기도 한다. 산길 구간마다 약간의 어려움도 나타나지만 이미 7코스까지 경험하고 완주해온 당신이라면 문제되지 않을 것이다.

구파발천길을 시작으로

시작점인 구파발역 2번 출구에서 출발하면 은평 뉴타운에 위치한 구파발천이 맞이해준다. 8코스의 유일한 도심 하천 길을 따라가면 잘 정비된 산책길과 나지막한 다리들과 어우러져 도심에 사는 초본류와 하천에 자리 잡고 살아가는 조류들도 만나게 된다. 이후 선림사에 다다르면 첫 번째 스탬프 우체통이 위치해 있고 본격적인 북한산 둘레길인 구름정원길과 합류하게 된다. 이후 계속하여 서울둘레길 이정표와 북한산 둘레길 이정표는 혼재되었기에 북한산 둘레길 이정표를 따라서도 이동할 수 있다.

남천

남천은 매자나무과의 상록활엽 관목으로 남부지방에 분포되어있으나 요즘은 중부지방에서도 자주 볼수 있다. 비교적 각종 공해에 강해 도심에서 흔히 볼 수 있나. 겨울철 까지 붉은 단풍과 붉은 열매가 인상적이다. 귀신을 쫓고 사람을 부른다는 이야기도 갖고있는 나무다.

북한산 둘레길을 들어서며

북한산 자락 안으로 들어섰으나 아직은 이정표 없이도 은평구 지역임을 짐작할 수 있다. 나채롭게 구성된 공원과 조망 데크, 잘 정비된 길, 근린 시설 등이 지속적으로 관리 유지되고 있기에 은평구 지역의 특징적인 수고스러움이 맞이해 준다. 즐거이 감상하면서 그저 걷기만 하는 즐거움을 느낄 수 있다.

두 번째 스탬프 우체통은 북한산생태공원을 지나면서 만나게 된다. 탕춘대성 암문으로 향하면서 북한산 특유의 오르막길과 내리막이 교차해 온다. 오르막이 끝나 은평구 지역이 조망되기 시작하면 본격적인 북한산 자락 길에 들어섰음을 실감하게 된다. 만나는 오르막에 잠시 앉아 쉬다보면 북한산 초입 둘레길의 풍

경이 눈에 들어오다. 탕춘대성암문과 전심사를 지나게 되면 평창동 마을길이 가까이 다가온다.

북한산 생태공원(북한산도시자연공원)

행정구역상 서울시 은평구 불광동에 위치하고 있으며, 북쪽에는 북한산국립공원이 자리 잡고 동쪽에는 구기터널이 있으며 서쪽에는 불광역이 위치하고 있어 서울둘레길, 은평둘레길과 더불어 북한산국립공원을 이용하는 시민고객들의 만남의 장소로 이용되고 있고 아울러 지역주민들의 쉼터로 애용되고 있다(서울 둘레길, 2022).

잣나무와 스트로브잣나무

소나무과에 속하는 상록침엽교목으로 암수한그루이고 높이는 40m까지 자란다. 나무껍질은 흑갈색이고 얇게 갈라진다. 잣송이 하나에 80~90개의 종자가 들어 있어 크고, 종자도 크며 날개가 없다. 잣나무의 목재는 대단히 아름다우며 재질이 가볍고 향기가 있다. 아울러 가공이 용이하여 고급 건축재로 애용되었다.

스트로브잣나무는 소나무과 상록침엽교목이며 미국 북동부지방과 캐나다 원산으로 원

산지에서는 주요한 조림수종으로 알려져 있다. 한국에는 1920년경에 도입된 수종으로 잣나무와 같은 5엽송이다. 바람에 강하고 가지가 꺾이지 않아 방설식재(防雪植栽)로 사용하기도 한다.

평창동 마을길

산길을 나와 마을길로 나왔으니 기존의 도심의 풍경과는 사뭇 다른 평창동 마을길로 들

어서게 된다. 구기터널을 지나는 왕복 8차선 도로를 지나서 평창동 마을길로 올라서게 된다.

　그늘이 없고 포장된 길을 가야하는 마을길이라 숲길과 그늘을 좋아한다면 다소 싫다 할 수도 있지만 이 또한 서울둘레길의 일부분이고 느낄 것과 볼거리도 제법 있는 재미있는 길이다. 숲속 길의 나무를 보는 즐거움도 있지만 평창동의 언덕길을 걷다보면 서로 비슷하고 겹치지 않는 건축형태와 담장 넘어 보이는 마을길의 정원수를 보는 즐거움은 덤이다. 볼 수 있는 정원수로는 자작나무, 호두나무, 능소화, 분재 소나무, 향나무 등이 있다.

　특이하게도 타감작용(식물이 다른 종의 생물에게 영향을 주는 현상)의 대표적인 나무인 호두나무가 정원수로 있어 흥미롭기도 하다. 이러하기에 호두나무는 과수원 및 농작물 재배농가 근처에서는 보기 힘든 나무이기도 하다. 호두나무는 가래나무과 낙엽교목이며 호도나무라고도 한다. 한자어로는 호도수(胡桃樹) · 강도(羌桃) · 당추자(唐楸子) · 핵도(核桃) 등이 쓰였다. 수관이 퍼지며, 가지는 성글게 자란다. 껍질은 회백색으로 밋밋하지만 점차 갈라신다. 4, 5월에 꽃이 피고, 9월에 맺는 열매는 둥글고 딱딱한 껍데기에 싸여 있다. 목재는 질이 치밀하고, 굽거나 틀어지는 일이 없어서 고급 가구재나 장식재로 쓰인다.

　가끔씩 마을버스가 다니며 차량통행도 많기에 잘 포장된 여유로운 마을길을 걷다보면 북한산의 형제봉이 보이고 또한 오랜만에 아파트가 안 보이는 길을 걷고 있음을 알게 된다. 연화정사를 지나면 평창동길은 마무리가 되어가게 된다. 물론 마을에 주거하시는 주민분들의 생활권 보호를 위해 조용히 흔적 남김없이 지나가야함은 당연한 행동이다.

호두나무

향나무

측백나무과 상록침엽 교목으로 상나무 또는 노송나무로 부르기도 한다. 향나무 잎에는 두 가지 형이 있는데 하나는 바늘모양[針狀葉]이고, 다른 하나는 비늘모양[鱗狀葉]이다. 이 두 가지 잎은 한 나무에 함께 나기도 한다. 암수딴그루나 암수한 그루인 경우도 있다. 꽃은 4월에 피고 열매는 이듬해 가을에 자흑색으로 익는다. 수피(나무껍질)는 세로로 얇게 갈라진다.

향나무

북한산의 동북쪽 지역을 향하여

평창동 마을길을 마치고 본격적인 북한산 형제봉입구를 들어서면 정상을 향하는 산객들과 잠시 동행하게 된다. 계곡 길에 위치한 초입의 세 번째 스탬프 우체통을 만나 찍고 오르막에 이어지는 계곡 물소리가 들린다면 잠시 쉬어가도 좋다. 곧이어 이어지는 원만한 둘레길은 성북구 지역의 북한산 자락길인 명상길로 안내해준다. 이제부터는 종로구를 지나고 북한산의 동쪽지역을 지나 북쪽으로 향하게 되는 북한산 성북구 지역으로 들어서게 된다.

성북생태체험관길의 잘 다듬어진 명상길의 수목들을 지나면 강북구 지역으로 접어 들어 흰구름길 시작점의 네 번째 스탬프를 만나게 된다. 강북구 지역 둘레길은 솔샘길, 흰구름길, 순례길, 소나무길로 구분하여 구간별 특징을 잘 구분하며 나누어져 있다.

북한산의 빨래골 공원을 지나면 보이게 되는 화계사와 이준열사 묘소, 4.19국립

묘지를 조망하게 된다. 서울둘레길은 서울을 둘러싸고 있는 것뿐만 아니라 시간도 같이 동반하는 듯 새로운 길에 접어들게 된다. 이후 만나게 될 도봉산 지역의 왕실묘역길로 이동하기 전 근대역사를 품은 역사길은 시대를 거슬러 가는 듯하다.

강북구 지역 둘레길은 우이신설선 개통(2017년)으로 접근 가능한 포인트들이 다양하다. 8코스중 강북구 지역의 북한산 둘레길은 약 11km로 가장 길기에 다채롭고 여러 이야기들을 담고 있는 길이다.

성북생태체험관

북한산에 위치한 자연학습을 통해 식물과 동물을 알고 교육을 할 수 있는 곳으로 어린이뿐만 아니라 어른들도 함께 보고 즐길 수 있는 곳이다(서울둘레길, 2022).

빨래골지킴터

빨래골은 삼각산 골짜기에서 흘러내리는 물의 양이 많아 '무너미'라 불리던 곳이다. 물이 많아 자연적으로 마을이 형성되어 인근 주민들의 쉼터와 빨래터로 이용되었고, 당시 대궐의 궁중 무수리들이 빨래터와 휴식처로 이용하면서 '빨래골'이라는 명칭이 유래되었으며 지금도 일반인들에게 널리 통용되고 있는 지명이다(서울둘레길, 2022).

산딸나무

층층나무과 낙엽 활엽 교목이며 원산지는 한국과 일본이다. 산딸나무의 이름은 열매가 딸기와 비슷하다 하여 '산에서 나는 딸기나무'라는 뜻에서 붙여진 이름이다. 도깨비방망이와 비슷한 열매는 울퉁불퉁한 원형으로 빨간색으로 익고 껍데기를 까면 홍시처럼 주황색 과육이 있다. 쟁기, 다듬이, 빨래방망이, 나막신, 베틀 등에 이용되었다. 공해에 강하고 무리 없이 잘 자라므로 최근에는 도시공원과 왕릉의 관상수로 널리 쓰인다.

산딸나무

오리나무

오리나무와 물오리나무

자작나무과에 속하는 낙엽활엽교목으로 어린가지에 털이 있거나 없고 약간 능선(稜線)이 지며 껍질눈이 뚜렷하고 겨울눈에 자루가 있다. 꽃은 3월에 피고 10월에 결실한다. 낮은 습지에 살며 우리나라 각지에서 재배된다. 이 나무는 생장

물오리나무

속도가 빠르고 메마른 땅에도 잘 견딜 수 있으므로 속성 사방수(砂防樹)로 많이 쓰인다.

물오리나무는 오리나무와 같은 자작나무과이며 주로 백두대간에 분포하다 사방공사 후 전국적으로 산지에서 분포하고 있다. 제1차 천이식생의 선구 역할을

은사시나무 "수피는 다이아몬드 모양이다"

하는 사방조림 수종으로 맹아력이 좋다. 꽃은 암수 한 그루로 3월 말 ~ 4월 중순에 핀다.

은사시나무

은사시나무는 버드나무과의 낙엽활엽 교목으로 사시나무(Populus davidiana; 한국 특산)와 은백양(Populus alba; 유럽산) 간의 잡종이다. 그런데 경기도 수원 지역의 특산이라고 하는 수원사시나무(Populus glandulosa)와 은백양의 자연 잡종으로 보는 견해도 있다. 잎의 외형은 수원사시나무와 유사하고, 잎 뒷면이 흰 솜털로 덮여 있는 것은 은백양과 닮았다. 꽃은 암수딴그루(가끔 암수한그루)로, 4월에 핀다. 열매는 삭과로서 5월에 익는다.

북한산과 도봉산의 경계지점 우이역과 우이령

경전철 우이역은 북한산 정상(백운대) 등반 위한 들머리와 날머리로 항상 분주한 곳이다. 북한산의 다른 이름인 삼각산 세 봉우리(백운대, 인수봉, 만경대) 정상을 거쳐서 은평구, 강북구 쪽으로 하산 할 수도, 또는 역방향으로 산행을 할 수도 있기 때문이다. 분주한 등산객들과 송추로 넘어가는 우이령 길(사전예약을 해야 갈 수 있다)을 뒤로하고 우이역을 지나 참나리꽃 색상의 서울둘레길 리본이 보이면 도봉산 지역 왕실묘역길로 접어든

다. 북한산 둘레길과도 공유되는 코스이기에 북한산둘레길 이정표도 같은 방향으로 안내
한다.

본격적인 도봉산길로 들어가는 왕실묘역길 초입에 있는 다섯 번째 스탬프우체통을 만난
다. 본격적인 도봉구 지역으로
들어서게 되는 것이다. 신갈나
무, 굴참나무 군락지를 지나면
잠시 후 방학동 도심으로 내려
오게 된다. 이곳은 도봉산 둘
레길인 방학동길과 도봉옛길
로 가면서 볼 수 있는 도봉산
지역의 주요한 포인트 이기도
하다.

작살나무와 좀작살나무

마편초과의 낙엽활엽관목으로 전
국의 산지에서 흔하게 만날 수 있
다. 잎은 긴 타원형으로 가장자리에
는 뾰족한 톱니가 있다. 잎의 끝은
꼬리처럼 길고 뾰족하다. 가지는 마
주나기로 달리는데, 중심 가지와의
벌어진 각도가 약간 넓은 고기잡이
용 작살 모양을 닮았다. 꽃은 6~8
월에 잎겨드랑이에서 연한 보랏빛
양성화가 모여 달린다. 열매는 9~
10월에 보라색으로 익는데, 낙엽이
모두 떨어진 겨울에도 열매를 달고
있다. 햇볕이 드는 곳뿐만 아니라

작살나무

좀작살나무

반그늘, 그늘, 습기가 많은 개울가, 건조한 곳에서도 자란다. 추위에 강하며 공해에도 잘
견딘다. 마편초과의 마편(馬鞭)은 말채찍을 뜻한다. 이 과에 속한 나무가 말의 채찍으로
사용하기에 적합해서 붙인 이름이다. 그러나 작살나무의 이름은 말채찍이 아니라 고기 잡
는 작살에서 빌린 이름이다. 세 갈래로 벌어진 이 나무의 가지가 작살을 닮았기 때문이다.

유사한 종으로 좀작살나무가 있는데, 잎 가장자리 톱니가 잎의 상반부에만 있고 열매가
좀 더 작은 것이 다르다. 보라색 꽃과 열매가 아름다워 전국의 공원 및 정원에 조경수로
많이 식재한다.

왕실묘역길을 지나면 마주치는 은행나무(서울특별시 지정보호수 1호)

우이역을 등지고 잠시 지나 본격적인 도봉산길을 탐방하기전 잠시 방학동 마을을 지나
게 되면 연산군재실, 연산군묘, 정의공주묘, 방학동 은행나무를 만나게 된다. 은행나무옆
에는 마을이 생기면서 600여 년 전부터 원주민들의 식수로 사용하던 원당샘이 있으며 일

정한 수량과 수온을 유지하고 있이 은행나무가 천년을 버티고 있는 원위이라 마을사람들은 믿고 있다. 지금도 원당샘 주변은 잘 보호되어 공원화 관리중이다.

　은행나무는 서울특별시 지정보호수 1호(지정일자 1968.2.26.)로 서울둘레길을 걸으며 만날 수 있는 상징적인 나무이기도 하다. 현장에 있는 안내문에는 서울특별시 지정 보호수 1호 지정 이후 문화재적 가치를 재평가하여 2013년에 보호수가 아닌 서울특별시 기념물 33호로 상향조정하였다 설명하고 있다. 수나무이고 대감 나무라고 불리는 방학동 은행나무를 보호 관리하기 위하여 많은 노력이 필요했다는 마을에서의 이야기를 듣게 됐다. 해당 지자체(도봉구청)에서 방학동 은행나무의 보호 관리위한 노력에 대한 행정적인 진행과정을 조금 더 알고자 도봉구청을 수소문 하였다. 도봉구청에서는 과거에 진행된 사항이라 정확한 과정을 파악하기엔 시간이 무척 소요됐으나 마을의 나무를 보호하기 위한 과거 진행을 알아가는 일은 중요한 과정이기도 하였다.

방학동 은행나무 이야기

- 위치 : 서울특별시 도봉구 방학4동 546번지 일대 (구주소 기준)
- 주변 여건

은행나무 동남쪽 200m위치(현 신동아 아파트 1단지 25동자리)에 현재 은행나무보다 조금 작았고 열매가 열리는 암나무가 있었고 부부처럼 마주하고 있어 부부 은행나무라 불렀다 한다. 그러나 사유지에 있던 암나무는 신동아 아파트 건립 당시 벌목 되었다.

- 지역의 개발과 은행나무

신학빌라 건립 : 1988년 9월에는 은행나무에서 7m 밖에 안 떨어진 방학동 565-2번지 일대에 신학빌라 13개동이 신축되면서 왕성하던 은행나무의 수세는 현저히 약화 되었다.

서울시 보호수 제1호(1968년 지정) 방학동 은행나무

신동아 아파트 착공 : 이어 1990년 11월 신동아 아파트 착공으로 또 다시 수난이 시작되자 더 이상 수난 당하지 않기 위한 시민들이 목소리를 내기 시작하였다. 환경단체와 아파트 시공사간의 법정싸움도 비화되어 은행나무의 일조권 확보 위해 15층에서 13층으로 구조 변경되었고 은행나무에서 50m이상 이격을 두기로 하여 법정 다툼은 끝났다. 하지만 은행나무 주변의 복토와 공기 유통 공간 차단으로 은행나무의 생육은 현저히 저하되었다 (은행나무 중심으로 동쪽은 신학빌라가 남쪽과 서쪽은 신동아 아파트가 바람 길을 차단하였다).

● 회복기를 거쳐 현재까지

신학빌라가 신축된 지 5년만인 1993년에는 은행나무와 인접한 빌라 2개동을 매입하여 철거하고(당시 매입예산 7억 원) 확보한 부지에 경계 펜스 설치하였고 2차례에 걸쳐 큰 외과수술을 실시하였다. 이후 지속적인 관리예산 투입하여 은행나무의 손상된 수세를 복원하기 위해 노력하였다. 공기 흐름의 정체와 배수 불량으로 기형적인 성장이 진행된다는 전문가 의견에 따라 신동아 3단지 아파트 주민들의 협조로 아파트 담장을 헐어 바람 길을 확보하였고 뿌리수술, 외과수술 병행하면서 배수시설 설치와 은행나무 주변 관람 데크를 설치하여 보호 하였다. 보호수를 지켜내기 위한 주민과 지자체의 지속적인 관심과 노력의 결과임은 분명하다(취재 협조: 도봉구청 공원녹지과 조경팀).

은행나무

오래 살며 수형이 크고 깨끗하다. 그리고 가을단풍이 매우 아름답고 병충해가 거의 없으며 넓고 짙은 그늘을 제공한다는 점 등 여러 가지 장점이 있다. 정자목 또는 풍치수로 심었고, 가로수로도 많이 심었으며, 구미 각국에서도 많이 심고 있다. 또, 껍질이 두껍고 코르크질이 많아 화재에 강하므로 방화수로도 이용된다. 은행이라는 것은 과학적으로는 종자의 일부이나 흔히 통속적으로 열매라고 부르고 있다.

회양목

회양목과에 속하는 상록활엽관목으로 영명은 Korean boxwood이다. 잎은 마주나고 두꺼우며 타원형으로서 끝이 패지고 가장자리가 밋밋하다. 꽃은 4~5월에 피고 암수 꽃이 모여 달리며 암꽃이 중앙에 위치한다. 목재는 매우 굳고 치

회양목 꽃

밀하며 고르고 무겁다. 특히 도장재로 유명하다. 수형이 아름답고 맹아력이 좋아 전정하여 어떤 모양이라도 만들 수 있으며, 음지 및 양지에서도 잘 견디고 습기가 있는 곳이나 건조한 토양에서도 생장이 잘되기 때문에 정원수·조경수 등으로 많이 쓰이고 있다. 가을에 보이는 열매는 부엉이 얼굴이 연상되기도 한다.

양버즘 나무

버즘나무과의 낙엽활엽 교목으로 북아메리카가 고향이다. 전국의 도로나 공원에 가로수로 심었으나 근래에는 새로이 식재하는 경우는 거의 없다. 가로수로 양버즘나무가 보인다면 꽤 오래된 도로나 마을길임을 짐작 할 수 있게 된다.

양버즘 "수피의 모양때문에 양버즘이라 불리운다"

도봉산속의 마을 무수골을 향하여

방학동 은행나무와 연산군묘 재실, 정의공주묘를 만나보고 본격적인 도봉산길인 방학동길로 접어들면 북한산과는 비슷하기도 하지만 또 다른 느낌의 길을 걷고 있음을 느끼게 된다. 도봉산의 둘레길은 대부분 오솔길로 되어있어 2명이 나란히 걸으면 마주 오는 사람과 어깨가 부딪치게 될 정도의 좁은 숲길이 지속된다. 이길 또한 방학동에서 무수골로 향하는 마을사람들이 왕래하던 마을길을 그대로 이어서 사용하기 때문인 듯하다. 그런 까닭에 추가적으로 새로운 시설이나 조경 식재 등의 공원화는 최대한 자제하는 듯 한 길로 보이며 최소한의 안전시설로만 구성 되어 있는 길이 계속됨을 알 수 있게 된다. 다만 인위적인 간섭을 최소화하면서 둘레길 의 인접마을을 멧돼지들로부터 보호하기 위해 철조망 펜스가 설치되 있기도 하다.

방학동길은 본격적인 도봉산둘레길이 시작된다. 작은 오솔길로 연결되있는 길은 도봉산 입구 까지 계속 이어진다. 과거 사방녹화사업으로 식재했던 나무들로 구성돼 있는 숲길이 지속된다. 무수골로 향하는 오솔길에는 나무들 사이로 언뜻 보이는 도봉산 능선을 보이기도 한다. 도봉산길의 유일한 대형 인공 구조물인 쌍둥이 전망대가 보이면 꼭 올라가서 조망해 보길 추천한다. 북한산의 인수봉과 만경대 정상과 도봉산의 신선대와 자운봉

의 정상과 맞은편 수락산과 불암산과 아차산, 서울의 중심 남산까지 조망이 된다.

조망 후 오솔길을 따라 나오면 무수골 마을을 잠시 지나가게 된다. 도심의 마을길이 아니라 도봉산 토박이들이 모여 사는 무수골 마을이다.

서울둘레길의 종착지를 향하며

도봉산 탐방로와 중복되는 막지막 길인 도봉옛길로 접어들면 서서히 도봉산의 정면으로 가게 된다. 이 길의 마지막부분은 무장애탐방로(데크길)가 있어 도봉산 입구에서 오게 되면 접근성은 좋아질 수도 있다. 도봉사, 능원사, 광윤사를 지나게 되는 마지막 내리막 구간에서는 도봉사 경내로 들어가 보면 단풍나무 연리지를 찾아볼 수 있다.

8-1 둘레길에 있는 연리지를 소개 하고 있는 표지에는 뿌리가 연결되어 연리근이라 소개하며 중국 역사서에 소개되어 있다하고 일화도 안내하고 있다.
그러나 나무는 리기다(RIGIDA) 소나무이며(고향은 북아메리카) 녹화사업으로 식재된 나무이다 [북한산 강북구 흰구름길 구간]

산림녹화 이후 잘 보존된 둘레길 에서는 침엽수와 활엽수가 어우러져 하늘도 나누어 사용하는 듯하다

붉게 변하는 단풍잎은 끝까지 최선을 다한 결과물

단풍나무의 학명은Acer palmatum인데 Acer는 단풍나무의 라틴명으로 갈라진다는 뜻이며 palmatus는 손바닥모양을 뜻한다. 그러하기에 손바닥 모양으로 단풍나무류를 구분한다. 단풍나무 손바닥은 5~7개로 갈라지며 당단풍나무는 그보다 많은 9~11개로 갈라진다. 주로 화단에 많이 심어진 중국단풍은 오리 발바닥처럼 3갈래로 갈라진다. 가을 아름다운 단풍은 안토시안을 생성 해내어 붉은색의 단풍을 감상하면서 잎의 모양으로도 구분해본다면 가을 길은 더욱 풍성해질 듯하다. 안토시안은 나뭇잎의 광합성을 통해 만들어내

단풍나무 연리지 (도봉사 경내)

는 꽃과 열매를 만들때 사용되는 중요한 요소이다. 안토시안은 원래 있던 색소가 아닌 탄수화물을 분해되면서 만들어내는 색소이다, 곧 떨어질 단풍이지만 붉은색을 만들어 낸다. 가을에 붉게 변하는 단풍잎의 목적은 안토시안을 생성하여 천적인 해충의 공격을 방어하는데 있다 한다. 붉게 변하는 단풍은 곧 죽을 것이며 독성도 갖고 있다고 신호를 주기에 겨울을 이겨낼 나무를 보호 하기 위해 끝까지 최선을 다하는 것이다. 서울둘레길의 마지막 8코스에서 만나게 되는 연리지 단풍나무를 보고 마찬가지로 마지막 힘을 내어 도봉

탐방지원센터에 도착해 보자. 8코스의 마지막 스탬프를 담아내면 서울둘레길 전체 여정은 끝나게 되며 도봉산역을 향하다 보면 1코스 도봉산역 넘어 시작점인 창포원이 보인다. 서울둘레길 완주를 하였다면 창포원내 위치한 서울둘레길 안내센터에서 완주 인증서를 발급 받을 수 있다.

신발끈을 묶으면 보이는 초본식물들

초행의 둘레길을 걷다 보면 둘레길 이정표를 보며 가기도 하고 동반자를 따라서 가기도 한다. 스탬프 우체통을 만나면 동기부여가 되는 반가움도 느낀다. 구간별로 달라지는 숲 길 풍경이 새롭기도 하고 지속적으로 보이는 눈높이의 나무들은 친숙해져 가지만 키 작은 풀들까지 눈에 담아내기에 우리의 걸음은 분주하다. 그러나 가끔식 풀어진 신발 끈의 매듭을 다듬고자 숙여 보면 그간 못보고 지나갔던 작은 풀들이 보인다. 때로는 잠시 숨을 돌리기 위해 앉은 작은 바위들 사이에서도 관찰되기도 한다. 키 작은 작은 풀 들을 보기 위해 가끔은 신발 끈을 허술하게 묶고 걸어 보기도 한다.

꼭두서니 와 달맞이꽃

꼭두서니는 덩굴성 여러해살이풀이며. 우리나라 전국에 분포하며, 주로 산지의 숲 가장

꼭두서니

달맞이꽃

달맞이꽃

자리에서 자란다.

달맞이 꽃도 숲 가장자리에서 볼수있으며 2년생 초본식물이며 남아메리카가 원산인 귀화식물이다. 포도주 향기가 나고 야생 동물들이 좋아한다는 뜻에서 붙여진 것이다. 달맞이꽃이라는 이름은 꽃이 밤에 달을 맞이하며 피는 습성에서 붙여졌다 한다.

닭의장풀

한해살이풀로 밭이나 길가, 습지에서 잘 자란다. 꽃은 7~8월에 피고 잎겨드랑이에서 나온 꽃대 끝에서 하늘색 꽃이 핀다. 밑 부분이 옆으로 비스듬히 자라고 밑 부분 마디에서 뿌리가 내린다.

닭의장풀

산부추

백합과의 여러해살이풀로 솔·정구지라고도 한다. 산지, 숲속, 초원에서 자라며 가는 잎 2~3개가 위로 퍼진다. 흰색이 도는 초록색으로 단면은 삼각형이다. 꽃은 8~9월에 홍자색으로 꽃대 끝에 동그랗게 달린다.

산부추

수레국화

국화과의 한해살이풀로 잎은 어긋나기한다. 꽃은 6~7월에서 가을까지 피지만 온실에서 가꾼 것은 봄에도 핀다. 독일의 국화이었으며 지금은 널리 재배한다.

수레국화

쑥

국화과에 속하는 여러해살이풀로 전체
가 거미줄 같은 털로 덮여 있고, 근경이
옆으로 뻗으면서 군데군데에서 싹이 나
와 군생한다. 꽃은 7~9월에 피어난다

쑥

백합

백합과에 속하는 여러해살이 초본식물로 관상용으로 재배하고 있는 식물로서 꽃은 5,
6월에 피며 원줄기 끝에서 2~3개가 옆을 향해 벌어진다. 향기가 강하여 꽃꽂이용으로 많

백합

이 이용된다. 우리나라에는 일제강점기에 들어온 것으로 추측되는데 현재는 많이 재배되고 있다.

호장근

마디풀과에 속하는 여러해살이 초본식물로 우리나라 각 처의 산과 들에서 자라고 있다. 줄기의 속은 비었으며, 어릴 때의 줄기에는 붉은 자주색의 반점이 산재한다. 어릴 때 줄기의 생김새가 호피를 닮아서 호장근이라는 이름이 붙었다.

초본이지만 가을 이후에는 목질로 변하기에 때로는 목본으로 오해 받기도 한다.

호장근

금낭화

양귀비과의 숙근성 여러해살이풀로 잎은 어긋나기 한다. 꽃은 5~6월에 피며 연한 홍색이고 꽃이 아름답기 때문에 개화시기에 남획이 많이 된다. 인공번식이 용이하므로 대량으로 증식하여 경제작물로 이용하고 자생지외 보존을 한다.

금낭화

족도리풀

족도리풀

쥐방울덩굴과의 여러해살이풀로 뿌리는 땅속으로 뻗고 짧다. 열매는 열개과이고 여름에 여문다. 씨앗은 납작하지 않으며 보통 윤기난다.

산괴불주머니와 자주괴불주머니

산괴불주머니는 양귀비과의 두해살이풀로 개화기간이 4~6월로 길고 황색 꽃이 화려하게 피어 조경용 소재로 유망하다. 꽃의 관상가치가 높고 환경적응성이 뛰어나므로 가로변이나 화단용 소재로 이용하면 좋다.

자주괴불주머니는 양귀비과의 두해살이풀로 산록의 그늘진 곳, 들의 나무 그늘 축축한 땅에 난다. 엽병은 줄기 위로 올라갈수록 짧아진다. 꽃은 5월에 피고 홍사색이다.

산괴불주머니

현호색

현호색과에 속하는 여러해살이 초본식물로 산록의 약간 습기가 있는 근처에서 자라며 잎은 2~3개가 어긋나고 입자루가 길며 잎은 3개씩 1~2회 갈라진다.

현호색을 중국에서는 연호색이라고 부르고 있다.

붓꽃

붓꽃과에 속하는 여러해살이 초본식물로 붓꽃이라는 이름은 꽃봉오리가 벌어지기 전의 모습이 붓에 유사하여 붙여진 것이다. 뿌리줄기가 옆으로 뻗으면서 새싹이 나고 잔뿌리가 많이 내린다.

붓꽃

물봉선

봉선화과 한해살이풀로 잎은 어긋나기하며 끝은 뾰족하고 좁아져서 가장자리에 예리한 톱니가 있다. 꽃은 8~9월에 피고 홍자색이며 꽃잎은 모두 3개인데 양쪽에 있는 큰 꽃잎은 겉은 넓으며 자주색 반점이 있고 끝이 안으로 말린다.

물봉선

으아리

미나리아재비과에 속하는 여러해살이 덩굴성 식물로 산록 이하에서 흔히 자라는 식물로 길이는 약 2m에 달하며 잎은 마주 난다.

(안준민 숲해설가)

산림녹화로 인한 서울둘레길 생태계 모습

안준민 숲해설가

산림녹화의 정의를 국립국어원 표준국어 대사전에서는 '황폐한 산에 나무를 심고 보호하며 사방 공사 따위를 하여 초목을 무성하게 하는 일. 또는 그런 운동' 이라 설명하고 있다.

우리나라는 예로부터 마른 장작을 필요로 하는 취사, 난방의 전통적인 생활패턴과 인구 증가로 인해 전 국토의 산림은 황폐화 되어 갔다.

6.25전쟁 이후 그나마 남았던 산림도 파괴되어 전 국토가 민둥산이 되었다. 그러나 1970년대부터 국민과 정부가 힘을 합쳐 숲을 가꾼 결과 치유 불가능할 것 같았던 우리나라의 벌거숭이산은 서서히 울창한 모습을 되찾게 되었다. 나무를 집중적으로 심는 산림녹화 사업의 강력한 드라이브 정책과 동시에 근본치유 정책도 병행하였다. 땔감용 나무를 대체하기 위한 연탄을 적극 보급하였고, 목재 가옥은 시멘트 양옥으로 대체하였다. 나무를 대체할 적극적인 대체 연료의 보급은 산림녹화 성공을 위한 기본적인 선 조치였고 이후 국가 경제력의 상승효과에도 기여되었을 것이다. 당시 산림녹화작업에 참여한 전 국민들의 땀과 수고는 말할 필요 없이 소중하다.

그 당시 황폐한 토양에서도 잘 자라고 토양을 비옥하게 만드는 아까시 나무, 오리나무와 메마른 토양에서 잘 자라는 큰키나무인 리기다(Rigida) 소나무 같은 사방수(砂防樹)를 선정하여 심는 일은 매우 중요했을 것이다. 아까시나무는 뿌리 혹 박테리아의 질소 고정으로 척박한 땅을 비옥하게 만들었다. 산림녹화로 심어진 아까시 나무는 수명이 길지 않아 그 당시 심었던 나무들은 서서히 은퇴하고 있는 과정을 지금의 여러 숲길에서 보게 된다. 꿀벌들이 좋아했던 밀원실물이었던 아까시나무는 지금까지도 아카시아 나무로 잘못 불려오는 오해를 받아오기도 하였다.

서울둘레길에서도 70~80년대 산림녹화로 인해 조성돼 있는 곳들도 만나볼 수도 있다. 주로 서울 근교의 높은 산들이 대표적이나 근처의 낮은 둘레길에서 아까시 나무, 리기다 소나무, 오리나무. 은사시나무 등의 군락지를 만나게 된다면 그 당시 녹화작업으로 인해

전형적인 오솔길전경(도봉산 지역)

조성되어온 지역임을 알 수 있다.

그 당시 식재된 산림녹화 수종들 대부분이 외래종을 심어 생태교란이라는 비판을 받기도 했지만 결과적으로는 외래종들은 나이를 먹어가면서 자생 활엽수림에게 자리를 내주면서 자연스러운 산림복원이 이뤄지고 있다.

또한 서울도심의 가로수로 집중 식재된 나무들로는 미루나무, 플라타너스(양버즘 나무) 등이 있는데 공해에 강하고 잎도 커서 도시를 빠르게 푸르게 만드는 목적으로 집중 식재되었다. 북아메리카지역이 고향인 이들은 지금의 도심에서는 대부분 퇴출되었다. 지금은 빠르게 성장하고 크고 무성한 나뭇잎이 도심에서의 가로수로서는 민원의 대상이며 바람에 날리는 종자 번식 방법이 부담되기 때문일 것이다. 일부 지역에서 남은 이들 가로수는 도심에서 살아가는 방법으로 매년 강전정(가지치기를 할 때 가지를 많이 잘라 내는 일)을 통하여 도심에 적응하여 가로수의 역할을 하며 살아가기도 한다.

8개 코스의 서울둘레길은 전통적인 산림녹화로 인해 풍성하게 조성되어 자연스럽게 변화되고 있기에 최근 들어 깔끔하고 멋진 조경 식재 등으로 조성된 길과 대비되기도 한다. 하지만 이 또한 구간별로 변화와 차별되는 서울둘레길을 보여주고 있다. 최근 경제성과 관상수로서의 기능을 고려하여 새로이 식수 되어지는 나무들로 가꾸어져가는 우리의 산림이 40년 후의 평가는 어떨지 자못 궁금하다.

서울둘레길에서 만나는 식물 (본문 해설 없는 식물 모음)

개맨드라미	개쉬땅나무	개암나무	개암나무 수꽃
개암나무 암꽃	개회나무	개회나무	갯버들
갯버들	계요등	계요등	고마리_봉산
괭이밥	금강아지풀	금계국	기린초
기린초	기생초	긴산꼬리풀	꼬리조팝나무
꽃범의꼬리	꽃사과나무	꽃사과나무	꽃양귀비

꽃향유 꽃향유 꿩의비름 나도닭의덩굴

나래가막사리 나리 나무수국 노랑민들레

노랑어리연꽃 누리장나무 니기다소나무 대왕참나무

대왕참나무 대왕참나무 대왕참나무 댑싸리

도깨비바늘 돌단풍 둥근잎유홍초 둥글레

땅비싸리 뚱단지 뜰보리수 열매 마타리

만첩풀또기	맥문동	며느리밑씻개	명자나무
모과나무	목련	목화	무릇
미국가막사리	미국낙상홍	미국산사나무	미국산사나무
방동사니	배초향	배초향	백합
백합	백합	복자기	봄까치
부처꽃	분꽃나무	붉은토끼풀	빅토리아연

사위질빵	서양측백나무	소나무	소래풀
소리쟁이	쇠뜨기 생식경	숙근아스타	양미역취
에키나시아	연산홍	옻나무	왕버들
은단풍나무	이고들빼기	자목련	자주개자리
자주광대나물	재쑥(당근냉이)	접시꽃	족두리꽃
종지나물(미국제비꽃)	중국굴피나무	지느러미엉겅퀴	지칭개

참취 채송화 천도복숭아나무 철쭉

청단풍 청보리사초 초롱꽃 측백나무

칡 큰금계국 큰까치수염 털부처꽃

털여뀌 토끼풀 토란 튤립

펜타스 란체올라타 풀거북꼬리 피라칸타 피마자

핑크뮬리 할미꽃 해바라기 홍단풍

화살나무

화살나무

황금사철

황매화

흰여뀌

편집후기

서울둘레길 숲이야기의 출판과정 1년 4개월 동안 많은 숲해설가 선생님들의 협력과 지원이 있었다. 같은 시기에 숲해설가 자격증을 취득하고 지속적인 네트워크를 위해 비영리법인을 설립했다. 회원들의 공동체를 강화하고 전문성을 육성하기 위해 기획한 첫 번째 공동작업이 서울둘레길의 4계절을 담아내는 책 출판이었다.

서울둘레길 156.5㎞ 8개 코스를 코스마다 평균 3명 내외의 숲해설가들이 식생(植生)조사를 하는 일부터 시작했다. 늦가을로 접어든 시기라 꽃은 사라지고 남은 잎새만 가지고 판단하는 일부터 쉽지 않았다. 나무는 수피(나무껍질)라도 보고 알아볼 수 있지만, 앙상한 가지만 남은 꽃과 나무의 이름을 찾아내는 것 자체가 힘들었다.

코스별로 사진을 찍고 자료를 모으고 하는 과정에서 핸드폰 촬영의 한계, 카메라 학습 필요성 대두, 지속적인 식물 공부, 원고작성법 등 하나하나가 장벽이었다. 또한 대다수가 직업을 갖고 있는 상태에서 병행적으로 출판 작업을 하는 것이 쉽지 않은 상황이었다. 글보다 더 중요한 것이 사진이었고, 식물의 생생함을 담아내기 위해서는 코스를 걸어야 했다. 서울둘레길을 걸어보면서 보고 느낀 사실과 감성을 그대로 담아야 하기 때문이다.

공동작업할 마음은 있으나, 지방근무 등 개인사로 인해 참여가 어려운 선생님들이 많아졌다. 여러 명의 협업이 쉽지 않은 현실을 체감했다. 이러한 과정에서 27명이 18명으로 다시 최종적으로 7명이 남았다. 그리고 8개 코스별 책임을 위해 본 출판 취지에 공감한 박철균 숲해설가 선생님이 합류했다.

처음 계획은 서울둘레길의 사계절 모습을 관찰하고 그대로 담아내는 것이었다. 계절마다 다른 꽃과 나무의 변화되는 과정을 사진으로 찍고 글로 표현하는 큰 프로젝트 같았다. 하지만 코스마다 4계절을 담아내는 편차가 발생했다. 꾸준히 작업한 코스는 봄, 여름, 가을, 겨울의 모습을 보여주지만, 그렇지 못한 코스도 발생했다.

다시 1년이라는 세월을 기다리면서 8개 코스 모두 사계절 풍경을 담아낼 것인가라는 고민에 빠졌다. 일부 코스에서 겨울 풍경을 담지는 못했지만, 시작이 반이라는 생각으로 스스로 위로했다. 2021년 8월부터 시작된 서울둘레길 숲이야기의 결과물을 기다리는 지인들을 실망시킬 수 없다는 목소리에 힘이 실렸다.

8명의 선생님이 모두 카메라와 핸드폰을 가지고 식물을 담아내기에는 현실적 한계가 있었다. 사진의 동일한 품질과 물리적 투입시간을 감안해 6개 코스는 양세훈, 2개 코스는 전운경 선생님이 봉사를 해주셨다. 코스마다 테마별 칼럼을 추가로 작성하기로 했다. 서울둘레길에서 만나볼 수 있는 새와 곤충, 물고기의 모습도 담기로 했다.

코스별 집필한 꽃과 나무는 해당 코스에만 있는 식물이 아니다. 예를 들어 개나리, 국수나무, 단풍나무, 리기다소나무 등 상당수의 식물은 어느 코스에서라도 볼 수 있다. 다만, 8개 코스의 원고 분량 및 식물 배분을 통한 조정 과정에서 꽃과 나무가 자연스럽게 분산되어 정리된 것이다.

서울둘레길을 배경으로 코스를 설명하고 꽃과 나무의 사계절 풍경을 보여주는 책은 없다. 따라서 숲을 공부한 숲해설가들이 1년 4개월 동안 협동으로 작업한 정성이 가득한 책으로 평가받고 싶었다. 부족한 부분은 독자의 냉엄한 판단에 맡기기로 했다.

직장생활을 하는 중에도 바쁜 시간을 내어 마지막까지 출판을 함께 하신 숲해설가 강인배, 김민정, 박철균, 심채영, 안준민, 전운경, 조미연 선생님께 감사드린다.

2022년 12월

숲으로 이사장 양세훈(숲해설가/숲길등산지도사)

| 참고문헌 |

1. 산림청 국립수목원 국가생물종지식정보시스템

2. 한국민족문화대백과사전

3. 한국향토문화전자대전

4. 두산백과사전(두피디아)

5. 세계 약용식물 백과사전

6. 국가 지도집 2020

7. 조선향토대백과

8. 화학백과

9. 분자 · 세포생물학백과

10. 서울의 산 서울특별시사편찬위원회

11. 천년 도서관 숲 /김외정 지음 /메디치 출판

12. 숲 해설 시나리오 /황경택 지음 /황소걸음 출판

13. 정말 궁금한 우리말 100가지, 2009. 조항범

14. 한국관광공사

15. 영국 일간 가디언

양세훈 숲해설가

■ 양세훈(숲해설가, 숲길등산지도사) — 1코스(수락 · 불암산)

　양세훈(梁世勳) : 한국외국어대학교에서 행정학 박사학위를 취득하고, 한국정책분석평가원 원장과 숲으로 이사장을 맡고 있다. 행정안전부 지역일자리 코칭그룹 전문위원, 서울시의회 정책연구위원회 위원, 경기도 사회적경제육성위원회 위원, 경기도평생교육진흥원 정책본부장으로 재직했다. 경희대, 광운대, 한국외대, 한세대 겸임교수, 한신대 초빙교수 등 16년째 대학에서 후학양성을 위한 강의활동중이다. 〈마을기업과 사회적기업의 거버넌스〉(2012, 단독), 〈생산과 소비의 플랫폼 협동조합〉(2017, 단독), 〈마을기업 지역공동체 회복 정책수단〉(2017, 단독), 〈산림정책의 쟁정과 과제〉(2022, 공저) 등의 저서가 있고, 주요 관심 연구 분야는 공공조직 사업평가, 사회적경제, 생태환경 등이다(kbc8927@naver.com).

박철균 숲해설가

■ 박철균(숲해설가) — 2코스(용마 · 아차산)

　박철균(朴哲均) : 전북 남원에서 태어나고 성균관대학교 행정학과를 졸업하였다. 포스코와 롯데손해보험에서 30년 넘게 근무한 전문가다. 숲해설가 취득후 서울물재생체험관에서 해설사로 일하고 있다.

강인배 숲해설가

■ 강인배(숲해설가) — 3코스(고덕·일자산)

강인배(姜仁培) : IBK기업은행에서 30년 넘게 근무하고, 기업성장협력재단 사무국장을 역임했다. 현재는 IBK미소금융재단의 경영자문위원으로 활동하고 있다. 원예와 조경에 관심이 많고, 트레킹과 산행이 취미이다.

김민정 숲해설가

■ 김민정(숲해설가) — 4코스(대모·우면산)

김민정(金玫廷) : 김포에서 20년 넘게 살고 있다. 동덕여자대학교에서 큐레이터학을 전공하였다. 기후 위기 속에서 지속 가능하고 건강한 업을 고민하다가 숲해설가라는 아름다운 직업을 만났다. 현재는 환경 플랫폼 〈나무 옆 나무〉를 실험적으로 운영하며 업사이클링(Upcycling) 클래스, 건강한 취향모임 등을 진행하고 있다. 일상전환을 위한 강의도 종종 나가고 있다. 무척 가까운 미래에 시골로 내려가 의, 식, 주를 자급자족하는 것이 꿈이다.

심채영 숲해설가

■ 심채영(숲해설가) — 5코스(관악·호암산)

심채영(沈綵怜) : 청소년기때 '청소년을 위한 사람이 되고싶다.'는 꿈을 가지고 순천향대에서 청소년교육·상담을 전공했다. 청소년 교육과 청소년 상담 분야의 공공기관에서 근무해오면서 전 연령대의 청소년을 만나고 교육했다. '사람의 마음을 치유하는 것'에 중점을 두었기에 숲은 오직 실용적 관점에서 '사람의 치유를 위한 장소'였다. 숲을 공부하고 숲을 점차 그 자체로 사랑하게 되었을 때, 비로소 내가 얼마나 인간 중심적으로 생각해왔는지 알 수 있었다. 현재는 청소년에게 자연과 공존하는 것에 대한 교육 및 숲해설을 제공하고자 연구하고 있다.

조미연 숲해설가

■ 조미연(숲해설가) – 6코스(안양천·한강)

조미연(趙美娟) : 대한민국의 서쪽 끝에서 태어나 농촌과 산촌, 어촌에 충만히 잠겨 자랐다. 감리교신학대학교에서 신학을 전공했다. 생태신학과 환경실천에 많은 관심을 두어, 기독교환경운동연대와 기독교환경교육센터 살림에서 근무 했다. 최근에는 신앙공동체 안에서의 환경실천을 고민하고 있다. 숲해설가 자격증을 취득한 후 사역하는 교회에서 숲해설을 한 뒤부터 '숲전도사'로 불리고 있다. 현재는 연세대학교 일반대학원 신학과에서 기독교교육학을 전공하며 고민을 이어가고 있다. 이러한 관심을 나누는 이들과 강림절 묵상집 〈Remember Member 주님의 숲〉(2022)을 펴냈다.

전운경 숲해설가

■ 전운경(숲해설가) – 7코스(봉산·앵봉산)

전운경(全雲慶) : 강원대학교에서 영어영문학을 공부하고 항공회사에서 34년 근무 후 정년퇴임하였다. 산을 좋아하여 금수강산을 두루 섭렵하였고 숲이좋아 숲해설가로서 활동하고 있다. 우리나라의 역사와 문화에 깊은 관심을 가지고 있고 오랫동안 우리의 사찰, 고건축, 탑파, 부도 및 왕릉등을 답사하고 있다. 관련하여 관광통역안내사의 자격을 가지고 있다. jeonunkyung@gmail.com

안준민 숲해설가

■ 안준민(숲해설가) — 8코스(북한·도봉산)

안준민(安埈民) : 1993년 첫 직장을 관광업으로 시작하여 28년 간 해외여행 페키지 상품 전문 기획 업무와 해외 출장 100회 이상의 경험을 통한 노하우로 해외여행 전문 상품 기획과 판매 업무를 전담해 왔다. 코로나로 인한 관광업의 급격한 축소는 자연스러운 퇴사로 이어지게 되었다. 업(業)으로 해온 여행 실무를 못하게 되자 나무와 숲에 대한 공부를 시작하게 된다. 숲해설가(산림교육전문가)자격취득 및 연구 과정에서 내재된 여행관련 전문 지식은 숲을 보고 나무를 만나면서 산림 관광,생태 관광 등과의 접점을 만들고 있다. 현재 "숲으로" 비상근 이사직을 맡고 있다 (antonio34@hanmail.net)

서울둘레길 숲이야기

2022년 12월 20일 초판 인쇄
2022년 12월 24일 초판 발행

지 은 이   양세훈 전운경 안준민 강인배 조미연 심채영 김민정 박철균
편집디자인   최혜정
펴 낸 이   신원식
펴 낸 곳   도서출판 중도
주   소   서울 종로구 삼봉로81 두산위브파빌리온 921호
등   록   2007. 2. 7. 제2-4556호
전   화   02-2278-2240

값 : 25,000원
ISBN 979-11-85175-53-9 03980